从今天起，不活在别人的期待里

斑马 著

图书在版编目（CIP）数据

从今天起，不活在别人的期待里 / 斑马著. —南昌：江西人民出版社，2016.7

ISBN 978-7-210-08514-0

Ⅰ. ①从… Ⅱ. ①斑… Ⅲ. ①女性—成功心理—通俗读物 Ⅳ. ①B848.4-49

中国版本图书馆CIP数据核字（2016）第112666号

从今天起，不活在别人的期待里

斑马 / 著

责任编辑 / 于子佳

出版发行 / 江西人民出版社

印刷 / 北京盛通印刷股份有限公司

版次 / 2016年7月第1版

2016年7月第1次印刷

开本 / 880毫米 × 1230毫米　1/32　8.5印张

字数 / 190千字

书号 / ISBN 978-7-210-08514-0

定价 / 36.80元

赣版权登字-01-2016-328

目录

Chapter 2

Chapter 3

Chapter 4

Chapter 5

Chapter 6

Chapter 7

Chapter 1

精神独立
比经济独立更重要

一个精神独立的女人，

永远不会为年华的逝去而感到恐慌，

也不会靠 po 几张磨了十八层皮的 PS 照片来证明自己的价值。

比起经济独立，中国女性更需要精神独立

女人多大算大龄？

这是一个女孩前几天问我的问题。我反问：那你多大？她说，我 89 年的，担心再不结婚就嫁不出去了。

我本想说笑话，这才哪儿到哪儿，你还小得很。转念一想，不太对。我只是比照了自己的年龄，总下意识地觉得自己还年轻，比自己小的都还是小朋友，殊不知，90 后都早已过了“晚婚”的年龄。

按照世俗的眼光，89 年出生的姑娘今年 27，的确也不小了。

二十七八是女性人生中最焦虑敏感的时期，事业未成，家庭未立，来自家庭和社会的压力达到顶峰，一不小心就容易被扣上一顶“大龄剩女”的帽子，连回家过个年都要战战兢兢。

28 岁的女孩 G 就深陷这样的苦恼中。她是我的一个咨询者，文文静静还带着点怯，典型的乖乖女。

G 来自一个南方小城，独自一人在北京打拼，事业还算有成，就因为单身，据说父母在亲戚面前抬不起头来。女孩自己也着了急，2015 年总共相亲了两个男人，就想着从中选一个把自己嫁出去。

一个对她不积极，没了下文，另一个人在深圳，面都还没见过，微信聊得也不甚投机，可是耐不住双方家人催促，于是买好了机票，计划春节见上一面，打算彼此若有意就先订了婚，她辞职转战深圳。

G 不停强调自己的年龄，张口闭口不离“我今年都 28 了”，像在描述一棵随时准备挥泪大甩卖的白菜，只要有人买，不管三七二十一就跳到菜篮去。

我听呆了。我说姑娘别说你才 28，就是 82 也不能这么着急啊。网购还要比比价呢，你就打算这么跟一个网购的男人过一辈子？你连他性取向都不能确定呢！

我曾批判过一些像“郑人买履”一样选择伴侣的女人，打着不将就的名义，列出长长的条件清单，有一条不符连面都不见，最后生生把自己“剩下”。但是如今，我更为这些急着把自己嫁出去的女孩担忧。单身至少不要命，遇人不淑可就说不好了。

比如最近闹得沸沸扬扬的北医三院产妇事件，患者家属到底有没有大闹医院或者讹钱，尚无从考证，但有几件事，却是杨冰丈夫自己写下的：妻子有过多次流产史，高龄高危产妇，怀孕还要给他做早饭，手术前无人陪伴，给自己打了 11 个电话听不到……

据说，女人这五年没干别的，就折腾生孩子了，最后，把命都搭在了“传宗接代”四个字上。不得不说，有些根深蒂固的传统观念，并不会因为你读了多少书拿了多少学位而发生改变。

过去，我一直觉得女人经济独立最重要，当你连饭都吃不上时，不要指望爱情来雪中送炭。可是这些年，我接触了不少能力、收入还不错的女性，要么活在对大龄剩女的恐惧中，要么苦苦挽留一个早已不属于自己的男人，要么坚信传宗接代是女人必然的使命。也难怪学历不高，网红出身，没有任何专业背景，靠着瞎编乱改《进化论心理学》、专教女性如何取悦男人的 ayawawa 能圈 200 万铁粉，连“吞精可预防先兆子痫”这样的言论都有大批人埋单。

G 姑娘在跟我聊天的时候，讲得最多的是“我父母说……”“他

父母说……”“他觉得……”，从始至终，我没有听到一句“我自己”。

对于中国女性而言，比经济独立更重要的，是精神独立。

一个精神独立的女性，首先是爱自己的，这种爱，不依附于任何人而存在。她们不会在乎自己是早婚还是晚婚，甚至不婚，也不会把生孩子作为此生必然的使命。不要动辄谈牺牲谈奉献，一个为父母、为爱人甚至为子女而活的女人，就注定了是一个悲剧。

我从不鼓吹单身好，亲情、友情都替代不了爱情，和一个琴瑟和鸣的恋人牵手走完这一生，是此生最美好的事情。遇见对的人，结婚要趁早。也正因如此，不要随随便便找个人嫁出去，也不要去挽留一段无药可救的婚姻。

有人爱的时候，就谈一场轰轰烈烈的恋爱，没人爱的时候，请认认真真过好自己的生活。我和你结婚，不是因为我到了年龄，而是我爱你。

可是在中国，女性真正做到精神独立仍是一条艰难而长远的道路。经常有单身女孩跟我说，你结婚早，不能理解我们面临的逼婚压力。我也曾在劝一个女读者结束自己婚姻的时候听到一声又一声叹息，即使丈夫已经公然和情人同居，她仍然选择隐忍。她不停地讲一句话：我已经 35 岁了，又离过婚，还有谁会来爱我？

当一个女人说出这句话的时候，别说的确没有人会爱她，她已经连爱自己的权利都放弃了。

我很想告诉一些女性，如果你足够优秀，年龄、婚史统统都不是问题。《孔雀东南飞》是个悲伤的爱情故事，却能让人从中嗅到一丝励志的味道。刘兰芝前脚被休回家，后脚提亲的人就踏破了家门。好姑娘永远不愁嫁，封建社会尚且如此，何况是现代社会？

我认识个姑娘，算是女神级别的人物了，年纪轻轻就结了婚，身边男人一众跺脚叹息。没过两年传出了离婚的消息，女神还是那个女神，追求者有增无减，后来嫁了一个靠谱男青年，老公如获至宝，日日捧在手心里。

如果她离婚后变成一个自怨自艾的怨妇，身材发福，容颜不复，逢人就像祥林嫂一样吐槽自己遇人不淑，估计追求者们一夕之间就全都跑光了，然后得出一个结论：离婚的女人果然没人要。真正让一个女人贬值的，不是年龄也不是婚史，而是自信的严重缺失。

一个精神独立的女人，永远不会为年华的逝去而感到恐慌，也不会靠 po 几张磨了十八层皮的 PS 照片来证明自己的价值。20 岁的林青霞有生机勃勃之美，50 岁的林青霞有知性优雅之美，60 岁的杰莉•霍尔照样能风风光光地嫁给默多克。你说，多少岁算老呢？

给你一张范冰冰的脸，你也未必过得好这一生

国民女神范冰冰又上了头条，这一次是因为爱情。突然想起了周围几个容貌不输范冰冰却把日子经营得一塌糊涂的漂亮女孩，给了你一张范冰冰的脸，却依然没有过好这一生。

你摸了一手好牌
却没有逃过命运的安排

认识一个姑娘，其实早就过了姑娘的岁数，只是年近 40 仍待字闺中，也只好称其为一个姑娘，用世俗的难听叫法就是“老姑娘”。

姑娘年轻时也算是个美人，只是奈何岁月不饶人，加上事业平平无所寄托，只好在回忆里度日，时不时就贴出二八芳华时的照片供路人欣赏，强调当时的自己如何纯天然。下面自然赞美者如潮，只是网络上的热闹敌不过现实的冷清，回到10平方米的出租屋，她仍是孤单的一个人。

也不是没有追求者，只不过爱她的她看不上，她爱的也看不上她，毕竟没有一个国王会爱上一个一事无成的半老徐娘。

年轻时美丽、年老后孤寂是很多美人的结局。相比之下，“门前冷落车马稀，老大嫁作商人妇”还算是个happy ending。甭管对方爱不爱你，找不找小三，至少还挣到了一张长期饭票。落魄者如蓝洁瑛或是《灰色花园》里的伊迪母女，把一手好牌生生烂在了手里，才真真是令人扼腕叹息。

不是美貌无用
而是你不能把20岁的脸留到30岁

不是在宣扬什么“自古红颜多薄命”，混得好的女神大把大把抓呢，前不久还高调出席马云女性论坛的赵薇就是国人眼中的人生大赢家，事业得意，家庭幸福，保养还得当，就算没有豪门老公，44.5亿元的身家也够普通人活上好几辈子。在这个看脸的社会，颜值高的人当然比普通人更容易取得成功，只要你愿意稍微努把力，全世界都能给你让出一条金光大道来。

基本上30岁是美女们的一道分水岭。30之前，只要颜正，不管拼不拼都能顺风顺水。上学有人帮你抄作业，上班有人帮你分担业绩，去酒吧不用带钱包，各种节日礼物多得放不下，出了门有的是男人等着帮你埋单、给你拎包、找你要电话。别说什么肤浅不肤浅，人类本身就是视觉动物，美貌绝对是凌驾于一切天赋之上的最高天赋。可是财富能积累，阅历能沉淀，偏偏容貌只会逐年贬值。赵雅芝驻颜再有方，也演不了当年的白娘子。范冰冰能走到今天，显然也不是只靠了这一张脸。

30岁前的美貌是父母给的，30岁之后多半就要靠修为。过了30若还一事无成，又没有嫁入豪门，连胶原蛋白都留不住。娱乐频道隔三岔五就会拿一个过气港姐说事儿，今天某某某沦为酒吧啤酒妹，明天谁谁谁又精神失常了，曾经风靡一时的女神几年不见就成了失意满满的大婶。

不作死
就不会死

成功的女神各有各的成功之道，落魄的女神却往往都是因为太作。一个美女如果情商太低，智商再不大够，基本上就是朝着花样作死的道路一去不复返的节奏了。

女人的作法千变万化，但基本逃不出两类范畴：一曰为情，一曰为财，抑或两者兼而有之。怒沉百宝箱的杜十娘就是为傻子织毛衣的典型，谁都有眼神不好的时候，可是犯不上拿生命代价去惩罚一个不爱你的人，这是典型的作死。放到现实中，多少漂亮姑娘把来一次说走就走的旅行和一场奋不顾身的爱情视作自己的人生必修课，于是流浪、退学、泡吧、堕胎、未婚先孕，仿佛这样才是真正走完了青春，最后除了一身妇科疾病什么都没有剩下。

为情作的女孩最终都没有得到爱情，但为财作的女孩却或多或少都拿到了钱，所以表面看不会像为情作的女孩那么凄惨。

已经多少年都没有一样拿得出手的作品的黄圣依，有《功夫》这么好的起点，却心甘情愿给人做天底下最高调的小三，和长着一张鞋拔子脸的杨子演了一出没人看的“天仙配”，最后沦落到连想做毯星都不得。

相比连吃饭都成问题的蓝洁瑛和进出戒毒所就像吃饭一样平常的萧淑慎，开豪车住豪宅过着光鲜生活的黄圣依当然要好得多。可是一个女孩明明有机会靠自己去赢得世界，偏偏要沦为一个受人操控的笑柄，你说这算不算作？

为情作是一种愚蠢，为财作更多的是一种人生的取舍。年少无知谁都会犯错，偶尔作一下其实还不太容易毁掉一个女孩，持之以恒的作就真是神仙难救了。

想要做女神
先要学会扔掉“女神包袱”

别强调自己是因为时运不济。遇人不淑不是最可怕的，当年哭得惨兮兮的贾静雯也重新找到了爱她的小鲜肉。事业失败也并没有那么严重，军旗装后的赵薇和诈捐门后的章子怡也曾跌到谷底，不也都重新站起来了吗？对自己缺乏正确认知，对他人太过依赖，得意时太自信，不知道别人没有你想象的那么爱你，失意时又没有勇气再开始，陷在自怜自伤的阴影里，才是最可怕的。

大凡美女都习惯了在赞美和爱慕中成长，当初被捧得越高，一旦跌下来就摔得越惨，不但没了男人宠爱，还有一群不美的女人等着在下面看笑话，“想你当年风光无限，而今竟不过如此”。经济上的落差往往不是压倒她们的最后一根稻草，心理上的失衡才是。这也是为什么美女一旦落魄了，往往连普通人都不如。委内瑞拉的选美皇后达玛尔丝·瑞兹流落街头15年，最后竟连尸体都没人认领。

既然青春留不住，就是时候从“女神包袱”里走出来了。年轻时少纠结该在单车上微笑还是在宝马里哭泣这样的蠢问题，如果你没有能力成为一个更好的自己，上了宝马车，又能坐多久呢？年老后也别再津津乐道自己的校花岁月，那些年追过你的男孩如今正在屁颠屁颠地追比你年轻比你美的女孩，他们连你是谁都不一定记得了，认清现实、活在当下才最重要。

朋友圈一直在疯转一篇叫作《要么读书，要么健身》的文章，鸡血味儿重了点，可是给自己做做增值总是没错，特别是美女们，不要浪费了自己的一手好牌，回首往事时才发现，时光除了给你肥肉和皱纹，什么都没有留下。

不和穷人谈恋爱，并不意味着你会因此遇到富人

我有个远房表姐，35 岁，收入低于当地的平均线，至今单身。头几年，表姐模样还算周正，也有一些追求者，但他们全部因为条件不符而被拒掉，连观察的机会都不给留。至于表姐看上的那些人，则统统看不上表姐。

这些年，表姐老得格外快，最后一次看她时我吓了一跳，她的脸暗沉无光，头发竟有些花白了。这样的她，每天必去的还是几个相亲网站，择偶的标准竟然较 5 年前没有丝毫降低。

当年由于工作原因参与过几场大型相亲会，每一次现场放眼望去，都是红肥绿瘦。主办方在门口对着保安抱怨：不要再放女人进来了，里面缺男人！

经常有人不解，中国明明男女比例失调，男多女少，为什么大龄剩女比剩男多出这么多？我想答案就是中国女性们往往不愿将就。

前几天，一篇叫作《不和穷人谈恋爱？》的文章刷爆了朋友圈，当中一些观点甚得相当一部分单身女性认同。不和穷人谈恋爱，就是最重要的“不将就”，那么问题来了：人的欲望永远高于现状，到底什么叫穷？

年薪十几万的之于年薪几十万的是穷人，开奔驰的之于开法拉利的是穷人，开法拉利的之于开游艇的是穷人，至于到了国民老公王思聪那里，你们统统都是穷人。

认识一个全职太太，先生是企业高管，每月给她 5 万家用，太太总是愁眉紧锁，这点钱哪里够花，我都逛不起商场。在她眼里，她老公也是穷人。

所谓的嫁给穷人，绝大部分时候都不是那些真的穷到吃糠咽菜的穷人，而是嫁给不能满足自己物质欲望的那个人。

所以你说，要不要嫁给穷人呢？

在《不和穷人谈恋爱？》一文的作者眼中，富的定义就是去私立医院生孩子，让孩子去 3 万一个月的私立幼儿园。可是如果自己但凡年薪有个 50 万，这样的事情，还需要看男人脸色吗？

什么人会去讨论要不要嫁给穷人的问题？答案是穷人。

一个有上亿家族产业的白富美每天出入都是高端场合，想遇到穷人都不太可能。退一万步讲，如果白富美真的爱上了一个穷小子，也不是什么难事儿，接进来做上门女婿就好。不过如果场景再极端一点，因为这个穷小子，白富美的父亲和她翻脸了，让她在家族产业和穷小子之间二选一，此时我的建议就是除非离开他你就活不下去，否则不要在一起。幸福的例子不多，就算穷小子真的有天发了迹，也很有可能是又一对薛平贵和王宝钏，苦守寒窑 18 年换回荣华富贵 18 天，太不值。

再来说回到穷人。穷人要不要嫁给穷人呢？我的答案是除非你无所谓单身这件事，不然还是要的，否则，你又能嫁给谁呢？

这其实不是什么道德问题，而是个基本的逻辑问题。如果男人穷是因为不求上进，女人穷也一样。有钱男人的确不一定在乎女人的出身和财富，可是他们一定在乎这个女人的颜值和智慧。而你觉得，有了这两样的女人，会穷吗？一个有钱男人对于她们，可以是锦上添花，但一定不是雪中送炭。都说邓文迪当年嫁给默多克是逆袭，可你以为一个耶鲁 MBA 高才生靠自己就不会过好一生吗？

如果你恰恰没有这样的能力，自己还是个指望靠一段婚姻就能改变自己的穷人呢，那还嘲笑什么穷人？当你活在穷人堆里时，追你的当然都是穷人。

就拿刚刚结束不久的高考举例子吧，如果你考了 700 多分，自然有权利纠结是报清华还是去北大，当然你要非蓝翔不上，那也没人管得着。可是如果你只有 300 分，还高声嚷嚷着我就是不去上技校，那你还能去哪呢？

我们不是唯学历论，单身也不可耻，每个人都有选择自己人生的权利，如果你绝不将就，找不到符合自己标准的 Mr. Right，情愿孤独终老并能淡然处之，旁人绝对无权插嘴。但如果你分分钟就想脱单，每月流连于一场场相亲会，却从来都只把标准定得比自己的水平线高出一大截，那就只能是在浪费自己的生命。

嫌贫爱富不是可耻，是不明智。适当放宽点要求，不是在给别人机会，而是在给你自己机会。

对于宁死都不会降低要求的女孩，我觉得与其把时间浪费在找男人身上，还不如剩点精力拼拼事业。把自己变成豪门，也就不必在乎对方是不是豪门了。

爱情的真相不是你嫁给谁，而是你是谁。

比秀恩爱更难的是互不嫌弃

世间所有的相遇都是久别重逢，杨过和小龙女再见面不在断肠崖，而是在吴君如的贺岁片《金鸭》里，那一幕健身房里恶搞的“过儿与姑姑”给世人的惊吓远远多过惊喜。

所谓的神雕侠侣 16 年后再牵手不过是金庸的一厢情愿。他自己结了三次婚，第二任妻子朱玫遭遇劈腿被弃，晚景凄凉到要靠在香港街头卖手袋为生，最后孤独地死在香港湾仔律敦治医院的病床上。

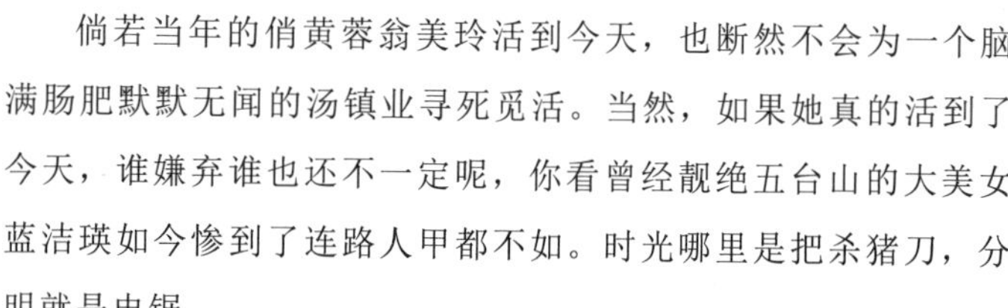

倘若当年的俏黄蓉翁美玲活到今天，也断然不会为一个脑满肠肥默默无闻的汤镇业寻死觅活。当然，如果她真的活到了今天，谁嫌弃谁也还不一定呢，你看曾经靓绝五台山的大美女蓝洁瑛如今惨到了连路人甲都不如。时光哪里是把杀猪刀，分明就是电锯。

当年的汤镇业与翁美玲，怎么看都是一对璧人。

一段爱情走到尽头最坏的结果还真不是相互仇恨，而是多一眼都不想看对方。宁愿跟街边的陌生人聊上一整天，也不愿回家说一句话。恨不能把当年的自己拉出来暴打一顿，最好连眼珠都抠出来，问问自己是瞎了吗。

如果开始就不爱，可能更容易释怀，但偏偏最初爱得死去活来。

金庸也曾和朱玫非卿不娶非君不嫁，就连备受广大男性爱慕的赵敏据说都是以朱玫为原型。而贵为富家女的朱玫也真如赵敏一般，顶着重重家庭阻力和金庸来了一场奋不顾身的爱情。如果故事终结于小说里，那就是张无忌和赵敏羡煞旁人的神仙眷属，但偏偏人生比小说精彩得多，金庸在酒吧认识了更年轻貌美的女侍应林乐怡，曾与之患难与共的朱玫就这样被弃之如敝屣。

金庸与朱玫也曾爱得轰轰烈烈。

也许你会说，喜新厌旧几乎是成功男人的必然属性，而年老色衰是女人一生怎么都绕不过去的一道坎。《金鸭》里的过儿对姑姑大献殷勤的背后满眼都是不屑，已经贵为星爷的周星驰应该也不会再有兴趣和他当年苦苦暗恋的蓝洁瑛共进一顿晚餐。但杀死一段爱情的真正凶手显然不是衰老，也不是外遇，即便风流如克林顿，也还是不会离开日渐衰老的总统热门人选希拉里，因为他们有共同的野心与追求。

真正的嫌弃来源于成长的不同步。一个人这辈子最大的竞争对手是谁，同桌、同事还是别人家的孩子？统统都不是，跟你日日夜夜同床共枕的人才是最有杀伤力的对手。你有才我有貌，咱俩才能坐下来赌上一局，总要棋逢对手才能将遇良缘。才华、容貌、金钱、性格这些统统都是筹码，如果一个人手握的筹码压倒性地多过了另一个人，就总有散场的那一天。换句话说，这也是被嫌弃的开始。

别指望用道德观束缚谁一辈子，山上和山下的两个人永远都没有办法平等地对话，连呼吸的空气都不是一个浓度。

这就是为什么学生时代的爱情往往不能走到最后，而成年后的同学聚会又往往催生出一对对不可思议的情侣。你会发现学生时代仰慕的男神如今大腹便便拿着微薄的薪水过着碌碌无为的日子，而某个曾被你看不上的人一跃变成了青年才俊。

想要一份永垂不朽的爱情，唯一的方法就是别被对手落得太远，最好大家能手牵手齐头并进，要么一起平庸到死，要么共同见证辉煌。如果你只是靠年轻貌美吸引了一个成功男人，那么最好就祈祷自己永远年轻貌美，不要等到有一天筹码没了被人踢出牌局。

相亲那些不能说的潜规则

男人相亲看脸，女人相亲看房。这件事更像是一条不能摆到台面上讲的潜规则，明明都是这么做，讲出来却要被骂上一句：“俗！”

相比之下，大众对男人看脸这件事的宽容度要高得多，“爱美之心人皆有之”嘛。换成一个女人打听男人住多大房开多少万的车，立马就要被扣上一顶“拜金”或者“绿茶婊”的帽子。

相亲不看物质，难道来两斤真爱？

前几天有个姑娘在群里吐槽，自己帮一位男性朋友在朋友圈发了一则征婚启事，不过是放了几张“破房子”的照片，就吸引了一大群女生蜂拥而至，死缠烂打要男孩的联系方式。此言一出，感慨者无数：现在的女孩都怎么了？

好奇之下我就去了她的朋友圈围观，征婚帖里没有男孩照片，“破房子”是一套带健身房的别墅，装修基本可以参照电视剧里的豪宅画面自行脑补。

倒不是说一套房子就值得让人以身相许托付终生，只是在寸土寸金的北京有这样一套豪宅，自然为相亲者加了重分，姑娘们高看一眼既不稀奇，也算合情合理。

我也曾有过帮人介绍对象的经历，女孩是个美女，事业也算有成，要求自然不低。有男人慕名应征，我循例问他房车收入，男人拒绝回答之余还愤愤然甩出一句：现在的女人怎么都这么物质！

我说你要是直男癌晚期了就去看老中医，谈什么恋爱啊！如果对方长成凤姐那样你还来吗？自己看脸，却不允许一个女孩看物质，那跟你谈什么？谈真爱？拜托，人家连你是谁都不知道好吗！

经常听到有人说，那也可以先接触试试啊，没准对方人品、性格上有闪光点呢，这些相亲又看不出来。的确，接触一下没准发现是真爱，公主还能爱上乞丐呢。可这是极小概率事件，且成本太高，一不小心还可能被渣男缠上，实在得不偿失。

我想起有个朋友跟我发过的一个牢骚，她说有些公司根本没有英文办公环境，校招却要求对方必须英语过六级。我说不是六级成绩真的有用，而是投简历的人太多，明明有过六级的，为什么要用连四级都没过的呢？

能力是需要时间证明的，成绩一张纸就够了。

爱情同理，若是有一群相亲对象供挑选，最好的方法显然是直接从物质条件符合自己要求的男性里寻找真爱，又有面包又有爱情。

你若屌丝，全天下女人便都是绿茶婊

这个世界上没有谁会绝对地讲物质或是超脱到完全不讲物质，富贵如王思聪，当年还曾因为买电脑被坑在中关村跟奸商们死磕了一下午呢。谈钱伤感情，谈感情也伤钱，所以我们会和一部分人讲金，和另一部分人讲心。如果一个男人嫌一个女人太物质，那只能说你身上完全没有能打动她跟你讲心的地方。

我和我先生从校园恋情一路走到结婚成家，他就出身寒门。刚毕业那会儿我们没房没车还养了两只猫，也曾有过交完半年房租连吃饭都成问题的日子，但是恋爱8年我们没红过脸，也没闹过分手，一直是别人眼中的模范夫妻。

总有人表达对我们的羡慕，说现在相亲的人都太物质了，还是你们幸福。我说那是因为我爱他，如果他是跟我相亲的路人甲，我一定连面都不见就拒了。

相亲，说白了就是把两个人放在天平的两端过过秤，看看“匹配度”。再超凡脱俗的女孩面对前来说亲的媒人，也一样要问清对方什么条件。

不是相亲就没有真爱了，调查统计显示，相亲结合的男女婚姻更稳定，离婚率更低。就因为两人条件差不多，匹配程度才更高。相亲恋爱后一方突然潦倒或病倒，另一方不离不弃的感人事例也不少，只是这些都不可能在还没见面的时候就发生。

曾经认识个男生个儿不高，眼光特别高，没钱也没前途，追的却全是女神级的女生，张口闭口就是“某某是个绿茶婊”，每次被拒总是一脸委屈地说：“她不就是嫌我没钱吗！”

我说你不只是没钱，你还没脸。

女人看物质，不等于“想得美”

千万别曲解了“看物质”的意思，以为相亲对象没房没车就嫁不得，也不管自己是不是公主，只要对方不是王子，连看都不能多看一眼。看物质是件特别理性的事，但偏偏好多女孩不能理性对待。

认识一个身高刚过一米六、长相甚至不能称作平庸、能力又相当一般的女孩，择友条件就是对方必须从事某行业，年薪不能低于30万，还要在五环内有套不小于80平方米的房子……我愣了很久终于吐出一句话：要不你先去趟韩国？

看物质不等于只看别人有什么物质条件，更重要的还是要先看清自己，有多粗的腿穿多大的裤子。

不少女孩把人生一步到位的梦想寄托在找到一个金龟婿身上，有房有车自不用说，最好房子是别墅，车子是宾利、玛莎拉蒂，再配个游艇就更赞了。问题是这样的男性在男人中占多大的比例，而你又能在女人中排到一个什么样的位次？

不能说童话里都是骗人的，但这个世界上绝没有真正的逆袭，灰姑娘嫁王子是因为美貌，默多克看上邓文迪是因为能力。哪儿不行，总得能在别处找补，要是样样都不行还做着逆袭的春梦，无论是男人还是女人，都只好送君一句话：虽然你长得丑，可是你想得美啊！

没有公主命，就别搞一身公主病

有个女生跟我吐槽自己的男友，没事业也就罢了，还处处不顺自己的心。我说，首先，没事业和处处不顺你的心这两者之间并没有因果关系，难道穷就该低眉顺眼受气，富了就可以反过来把你当老妈子使唤？其次，你又不是慈禧太后，为啥要事事都顺你心意？

我周围有几个玛蒂尔德（莫泊桑小说《项链》里的女主人公）式的女人，她们大多长得还不错，却没机会遇到一个高富帅来了解她们爱她们娶她们，最终只好匆匆嫁给一个平庸之辈或待字闺中，日子过得其实也算不得糟糕，只是与白富美们相去甚远。

大概是觉得自己的生活与容貌不匹配，她们每日都活在唉声叹气中，时不时就抱怨时运不济，没人带自己出国旅行，生日收不到五位数的惊喜，也买不起名牌包包……至于“悲剧”的根源，当然都是因为自己的男人太没用。

“你是知道的，像我这么要强的女孩……”玛蒂尔德们的开场白往往都是这样的。我努力按住心中狂奔的一万匹羊驼和她们对话：没人送你礼物，就自己挣钱买花戴呗！

她们立即反唇相讥：女孩，就是要宠爱自己的！挣钱养家，那都是男人该干的事情！

挺同情这些漂亮女人，她们能举出一大堆姿色条件还不如自己最后却嫁入豪门做了阔太的女性朋友，人比人气死人，反正就是怎么想怎么不公平。说白了，公主脸、公主心、公主病都有了，就差个公主命。

偏偏这个公主命，七分天注定，叶剑英的孙女叶明子小时候不知道原来飞机可以坐这么多人，徐子淇的女儿生下来就继承千亿家产，人人生而平等这种鬼话，听听也就罢了。公主病是富贵病，不是人人都得得起。

安徒生笔下的豌豆公主能隔着 20 层床垫和 20 床鸭绒被感觉到

一颗豌豆粒的存在，这大概是我看过的对公主病最生动的描述了。这样的女孩不但身子是豆腐脑做的，心也是，美则美矣，就是千万碰不得。

生在王室要风得风要雨得雨，公主病那是贵气的象征。倘若哪天公主病发，身边的人又不能称心如意，姑奶奶不陪你玩了，坐上自己的豪华马车绝尘而去，索性甩你个华丽丽的大背影。假公主们做不到，她们连独立养活自己都还够呛呢。当然，真公主若是公主病严重，刁蛮任性，也断然是不可爱的，只是到了假公主这儿，就有点要命了。

对于这些没有公主命却偏偏公主癌晚期的女人，她们最大的烦恼来源于欲求不满的生活。她们的要强，大部分情况下是“要男人强”，而自己则肩不能挑手不能提，朋友圈每天分享的都是女人要如何爱自己的鸡汤，但凡出门，就一定要找到能为自己埋单的男人。

曾经有个咨询者，长得还行，月薪三四千，年近四十还奋战在相亲的第一线，口中的每一个相亲者都是奇葩，不是请她吃饭的饭店太寒酸，就是送她的礼物不值钱，口头禅就是“像我这么优秀的女孩……”

这类女孩既要爱情也要面包，全世界都要围着自己转，不开心要买包包，寂寞了要你千里万里赶过来送拥抱，一个人的时候恨不得连矿泉水瓶都打不开。女人是应该爱自己，可是她们懒到了爱自己都嫌麻烦，要有人替自己来爱。

偶尔任性一下对方没准还觉得可爱，当饭吃任谁都消化不良。爱你的时候怎样都好，不爱你了，再想起你的种种无理取闹，满满的都是嫌弃。你以为是自己命不好没遇见王子，可是你知道吗？能24 小时伺候公主的那是侍卫，王子只负责那点风花雪月。

前几天燕公子与伊能静闹翻，看嗨了一群网民。操一口娃娃音死不服老、常年一副公主形象示人的伊能静就是典型的爱自己大过天，一边出书表达和老公的爱生死不渝，一边和别人搞出牵手门，据说还大半夜敲过演员黄磊的房门，再加上如今枯木逢春，动不动就秀秀恩爱晒晒情书，好像离了男人的爱就活不下去。

可是，无论你喜不喜欢这个女人，也不影响人家开豪车住豪宅，投资 8000 万拍烂片。落下了一身公主病的伊能静，已经给自己挣下了一条公主命。生在那么一个支离破碎的家庭，学历又低，要是不努力，连吃口饭都还成问题呢，哪有机会做明星被人嘲笑？

和玛蒂尔德们相比，伊能静最大的不同是可以实现公主病的自我满足。就算无爱不欢，没人爱的时候也能靠得上自己。我不禁想起身边的一个女孩，因为购物欲太强吓跑了几任男友，如今还怀揣着几张欠下了十几万的信用卡等待领养。

虽然这些女孩一直活在渴望遇到王子的童话故事里，可是只要她们多读几篇童话就会发现，王子要么娶了门当户对的真公主，要么爱上温柔的灰姑娘，假公主最后往往没什么好结果。

故事中的玛蒂尔德弄丢了假项链，却回归了生活，只是代价未免太大。故事外的女孩们，还要被一条无形的项链捆绑多久？

别再被“别低头，王冠会掉”这样的鸡汤洗脑，该低头低头，该吃苦吃苦，你本来就不是公主，还担心什么王冠呢？一个能把腰深深弯下去的人，才有可能有朝一日把王冠捡起来。

并没有什么比一个人吃饭更简单

前几天，我一个人去望京的烤肉店吃饭，门口负责发号码的小伙子看了又看：几个人？我说：一个人。他试探着说：等人？我：不，一个人。

不得不说，一个人出现在一个一群人围炉夜话的地方多少有点不合时宜。门口坐满了情侣、夫妻、朋友、大吼大叫的小孩和努力想管教他们的父母，他们齐刷刷地从无聊的等位中找到了可以扒一扒的事情：眼前这个人究竟有怎样的故事，失恋？失婚？离家出走？居然凄凉到一个人跑来吃烤肉。

那些惧怕单身的人，大概就是受不了这些世俗的热烘烘的目光吧。

我让他们失望了，并没有那么多离奇复杂的故事，不过就是突然想吃一顿烤肉，彼时又恰好一个人。

一个人吃饭，不用赶时间，静静坐下来，感受一块肉的融化，油脂在铁板上起舞，发出滋滋的声音，香味弥漫出来，蘸一点特配的酱汁，味道真真是极好的。

对于我的一个朋友来说，此情此景是完全不可想象的。这几年，她的日程永远排得满满的，不是呼朋唤友，就是在和各式各样的男人相亲。A是谢顶，B肥头大耳，C抠门，D好色，E不够体贴……她整日都在吐槽他们的极品，却依然辗转其中乐此不疲。

她说：我没有办法想象如果有一天我要一个人吃饭、一个人看电影、一个人老去。这些年她几乎吃遍了北京大大小小的餐厅，却依然没有找到那个可以陪她在家吃碗泡面的人。

一个人是吃饭，两个人吃的是陪伴。找到一个人一起吃饭很容易，找到一个能让你卸下所有心防，不必担心妆容是否精致、姿态是否优雅、谈吐是否风趣、饭店有没有“随便”这道菜的人却很难。《饮食男女》里的大厨父亲，每天按国宴标准烹制每一餐，却换不回一家的团圆。有情饮水饱，无情吃满汉全席都是煎熬。

我有个女读者，三十几岁，丈夫有了外遇，公然和第三者同居，对她和孩子不闻不问。可是每天以泪洗面的她仍然放不下这段千疮百孔、满目疮痍的感情，她说老公自私残忍，但是工作优秀、长相帅气，“我怕以后再也找不到一个比我老公更优秀的人了”。

我说优秀成吴彦祖又如何？你甚至不能面对面和他坐下来好好吃顿饭。你每天都活在两个人的世界里，呼吸一个人的空气。

世界上最可怕的事情不是孤独终老，而是陪你老的那个人让你孤独。孤独并不值得赞美，只是若爱情不能如你所愿，单身也没有那么难。

有一年我去吃麻辣香锅，旁边坐着一个女人，一个人对着一口大锅，菜多得几乎要冒出来。她并不下筷，哭着讲电话，每一个字都带着颤音：他现在连家都不回了，我真的不知道该怎么办！后来哭声渐低，她放下了电话，转而低低地抽泣。又过了几分钟，她开始和着泪水把菜一筷子一筷子往碗里夹。我走的时候，哭声已经止了。

我想，她大概已经想出了熬过去的办法。

如何拯救绝望

最容易杀死一个女人的不是疾病或者灾难，而是来自内心深处的绝望。

绝望当然不是女性的专利，但深陷绝望的往往都是女性。抽烟、嫖妓、喝酒、爆粗口甚至一言不合拔刀相向，男人有太多发泄不爽的方式，或者在他们的世界里，压根就不屑于绝望。但是到了女性，多数时候能做的就只剩下绝望。

单靠“绝望”的噱头，《绝望的主妇》一开播就成为当年最火美剧，可见绝望的女性之多。75 岁的张爱玲被发现死在加州的公寓里，杀死她的不是动脉硬化、心血管病，而是一生得不到爱的绝望。

“雨声潺潺，像住在溪边，宁愿天天下雨，以为你是因为下雨不来。”关于爱情，再没有人比张爱玲看得更冷静通透，和胡兰成分开时她这样说：“我倘使不得不离开你，亦不致寻短见，亦不能再爱别人。我将只是萎谢了。”多么客观冷静的自我剖析，可是通透并不意味着放得下，事实上，通透才是一切绝望的起源。

人生道理往往只能用来开解既无知识也无常识的人，喜欢转发鸡汤的人大多都不会有太高的 level，有学历、有阅历的高层次女性通常比你还擅长给人灌输这些美好的理论，她们会告诉你“道理我都懂”，偏偏就是过不好这一生。

我有个女性朋友失恋后一直靠吃各种肝药胃药活着，可是再多疏肝解郁的药也打不开她的心结，她说自己每每翻阅社会新闻的版面，看到哪个人跳楼或者投河，第一感触竟然不是惋惜，而是羡慕对方的勇气，“人生的一手烂牌从此可以不用再打了”。这是我迄今为止听到的关于绝望最生动的解释，是的，道理她都懂。一个聪明的女人如果没有把她的聪明劲儿用在经营好一份工作或者婚姻上，最后往往被一眼就看透了的绝望耗到精疲力竭。

女性比男性生活得艰难，可不只是体现在每月一次的大姨妈。一个年过 30 的单身女性面临的已不再只是家人的逼婚，而是整个社会的冷言冷语。已婚未孕女性选择公司入职时考虑的往往不是前途，而是这里是否适合生育，反过来这也恰恰是公司拒绝一个女性职员的重要原因。四五十岁，更年期如期而至，对爱情、婚姻、事业的热情都低到了冰点，怨恨与不甘交织于每天的柴米油盐。失恋、失婚、失业、失去梦想……人生每一个环节的缺失，都可能是压倒现代女性的最后一根稻草。

所有励志书籍都在教女人自立自强，拨云见日总会见到阳光，却偏偏没有人告诉你该如何熬过当下。所以有时候绝望反倒成了女人最后一个避风港，就像男人选择酗酒，宁可一醉不醒，也不愿面对血淋淋的生活真相。问题是，没有人愿意和一个酒鬼打交道，也没有人会喜欢一个绝望的女人。你讲一个闻者伤心听者落泪的故事，最终受伤的也还是你自己。

没人能帮你摆脱绝望，最压抑最难过的时候对着镜子抽自己两个耳光，告诉自己：要么死，要么坚强。这不是鸡汤，这是生活的全部真相。

Chapter 2

在你一事无成之前，
你的自尊心一文不值

你不能指望这个社会因为你的无知而格外宽容，

没有人会为你的错误埋单，

更不会因为你的愚蠢而抱以同情。

你不成长，谁也不会扔给你一根拐杖。

不是谁要跟一个孩子过不去，而是没有人再把你当成一个孩子。

一个牛X的公司应该以“秀加班”为耻

在以吸血著称的互联网公司，加班早就成了跟吃饭、上厕所一样正常得不能再正常的一件事了。曾有人写文章称自己每天加班到9点以形容工作之勤奋，立马遭到了一大群人的鄙夷，9点？拜托，那叫早退好吗？！

正如磨皮软件催生出一群自拍党，加班现象也衍生出了一系列创意无限的“秀加班”文化。每天深夜的朋友圈永远不乏加班党出没，来一张空无一人的办公室照片，配一句意味深长的话——“忙碌的一天终于过去了”，或者“总是最后一个关灯，这是什么节奏”，再不就是“随意”地发一张外卖照片，注上一句“今晚的加班餐哦”。

如果老板不过来点赞，这班就算白加了，跟项羽当年的“衣锦夜行论”有点异曲同工。

每一个喜欢晒加班的员工背后都默默站着一个喜欢晒加班的老板，他们的朋友圈往往会让你感受到一种误入传销公司的既视感，通常是夜深人静一大群人开会，旁白则是“我为拥有这样的团队而感到骄傲”。

认识一个小策划公司的合伙人，每天的朋友圈就是大秀特秀员工们又加班到了深夜。不但在朋友圈秀，还要在公司的微信订阅号中隔三岔五推送一条“加班记”，公开宣称“秀加班，稳加薪”，“如果你加班没让人看到，你的加班就没有意义”。

这两天，陆陆续续有刚踏入职场的年轻朋友关注“油炸绿番茄”，问我应该选择怎样的公司，在这里我告诉你们，我不会告诉你什么样的公司是适合你的，但是如果你遇见了这样的公司，请有多远离多远。

这并不是对加班本身的彻底否定，如果一个创业公司一天班都不用加，你也大可以走人了，因为这样的公司不太可能成功。公司倘若真的业务繁忙，加班亦难避免，但最终目的是为了把事情做好，而不是昭告天下我今天又加了班。

如果你的价值体现靠的是朋友圈里的加班照片，而不是一份令人惊艳的业绩报告，实在是太可悲了。每个领导都喜欢强调自己的结果导向论，但最终的落脚点却往往都是员工的考勤。

秀加班最根本的原因就是缺乏明确的绩效考核标准。回想一下学生时代，没有人会拿每天熬夜看书当作炫耀的资本，越是成绩优秀的学生越喜欢强调自己从来不学习，最好表现得像天才儿童，才能吸引更多崇拜的目光，因为有成绩单就够了。

再没有什么比数字更能说明一切，可惜大部分企业偏偏没有能力为员工出考卷，只好改用加班来衡量。其实说白了还是在用数字来给人打分：6 点回家的通通不及格，9 点走的人可以得 60 分，10 点的则是 70 分，如果天天半夜三更之后才回家，那简直就是老板心目中的 100 分员工。

秀加班直接导致的就是习惯性加班和严重的拖延症，反正老板也不提倡早下班，为什么还要着急把事情赶紧做好？到了公司大可以先看一圈娱乐新闻，然后去走廊抽根烟，泡杯咖啡，和同事们凑在一起分享点狗血八卦，时间倒也过得飞快。转眼到了晚上八九点，回头看看自己真正做的事其实屈指可数，当然这也不妨碍到了 10 点的时候来一张自拍照发到朋友圈，来一句“累并快乐着”。看似什么都没做还得到了老板的认可，实则是在消耗自己的生命。

比加班时间其实是最没含金量的一件事儿，不就是比谁的屁股更沉更能坐得住吗？这也是个青春饭。单身的比成家的强，成家的又强过有子女的，为人父母了毕竟要赶回家照顾孩子，耐力也就没那么持久了。所以即使你是公司里把椅子坐穿的那个人，早晚有一天也会发现，周围还有人能比你坐得更久，配的图比你还高清，文案比你还正能量，而你又没有能傍身的一技之长，那基本就面临被打入冷宫了。

可能你会说这话有点偏激，谁说秀加班的人就一定不干正事呢？我只能说这真的是少之又少。因为你也说了，是“秀”加班，醉翁之意不在工作，在乎的是一个“秀”字。

加班的人里真正努力的大有人在，可是一个努力的人最终目的是为了把手头的工作尽快搞定，如果真的不得不做到深夜，可能不但不值得炫耀，相反是一种耻辱。在真正牛×的人看来，他们的加倍努力，更多时候只是为了在人前显得毫不费力，就像上学那会儿你我身边那些虚伪的学霸。

所以加班背后有个潜台词，叫“效率低下”。如果放眼一个公司都以秀加班为荣，只能恭喜这位老板，你养了一群不干活还喜欢拿“我很努力”这种鬼话骗你的员工。你任由他（她）领着你的薪水，浪费着你的水电，在朋友圈上演着骗你的小把戏，居然还深深为之感动，真是完美演绎了什么叫被人骗了还帮人数钱。当然，你自己也在上演着同样的苦情戏欺骗着你的投资人。

一个牛×的公司应该以“秀加班”为耻，爱工作到几点都是员工自己的选择，业绩才是唯一衡量的标准。没有成绩的努力统统都是狗屁，把8个小时内足够做完的事拖到12个小时，只不过证明了自己智商很低。

最后奉劝老板们，敬业不是错，但请多招点有能力在8小时之内能把活麻利干完并且干漂亮的员工，也给自己多留点出去度假、打高尔夫球、泡女明星的时间。如果公司的业务真的多到需要日夜加班来完成，也请鼓励你的员工提高效率，告诉他们我们今天的加班是为了明天的不加班，而不是我加班我光荣，真哪天猝死了还能追认个烈士。

在你一事无成之前，你的自尊心一文不值

前几天我需要一个新媒体实习生，电话面试了一个外地的女孩，电话中她信誓旦旦地告诉我自己大学时运营过公众平台，这些都能上手操作，希望能给她一个机会。出于信任，我选择了让她直接入职，并为她争取了实习生的最大福利。

来之前我特意叮嘱她把公司之前做过的内容仔细看一遍，女孩诚意拳拳地表示没有问题，并且表达了愿意尽最大所能帮助公司。几天后，女孩千里迢迢从西北赶过来了，一见面我就发现她不仅没有看过公司的公众号，甚至连公司的基本业务都不知道。于是我对她的期待只能从文案、策划、编辑于一体的综合人才降为一个微博微信的执行小编。然后更为可怕的事情发生了：我发现她压根就不会使用微信订阅号公众平台。

几天沟通下来，女孩说的最多的一句话就是“这个我不会”，无论我指出什么问题，女孩最后做出的东西几乎都是一成不变。最后我无力地说，算了，就这样吧。女孩回了一句“哦”，如释重负。后来她非常有诚意地告诉了我两个事情：1. 公司业务对于她而言是一个新的领域，她完全不懂，需要学习。2. 她的确是有点笨，希望我多理解。

这些年断断续续也和一些实习生打过交道，如此没有灵气的实习生并不多见，但是她说的这两点理由倒是大部分实习生面对质疑时最爱用的辩白，就像排队中加塞的人说“因为我没有素质啊”，职场中做不好事情的人说“因为我工资低啊”，乍一听竟不知该从何反驳。说的人仿佛给自己套上了一层防弹衣，然后刀枪不入。

但事实上，公司从来就不是一个让你学习的地方，更不是智障人士关爱基金会。不单实习生，很多从业了几年的职场人也仍然不明白一个道理：要学习你大可以去考研、读博，去买课外读物，去学个够，但是公司发薪水请你来是要你创造价值的。当然你可以在这份工作中学到更多东西，为你的下一步晋升铺路，但首先你要有足够的积累，你的学识、你的阅历要能够帮到你的公司，而不是告诉你的公司，请给我学习的时间。

很多人劝我：算了，她还是个孩子。这也是很多实习生自己内心的真实想法，是啊，我还是个孩子呢，这些东西我之前又没有做过，干吗这么刻薄？于是他们一边羡慕着马佳佳、余佳文这样的同龄创业者，一边以一个孩子的身份大方原谅了自己所有的错误，每一个批评过他们的人一定都是容嬷嬷。我的这个实习生也许夜深人静时已经在心里骂了我一千遍一万遍。他们心中理想的实习环境应该是这样的：一个和蔼可亲的前辈告诉你，没关系，慢慢来，就像公园里那些教孩子走路的父母。

但是我想说，对不起，当你跟公司谈薪水的时候，你已经不再把自己当孩子了。一旦踏入这个社会，再没有人会像你的父母一样无私地爱你，包容你的一切。相反，所有人都会拿着放大镜看你，放大你的一切问题。你不能指望这个社会因为你的无知而格外宽容，没有人会为你的错误埋单，更不会因为你的愚蠢而抱以同情。你不成长，谁也不会扔给你一根拐杖。不是谁要跟一个孩子过不去，而是没有人再把你当成一个孩子。

如何成为一个人见人爱的实习生？

先学会从你的字典里剔除“我不会”这样的字眼，特别是在就一切显而易见的问题求助你的指导人之前，先想一想求助搜索网站是不是更加靠谱。

也不要再说“我需要学习”这样的鬼话，这不是写入党申请书，喊两句口号就好像真的要把余生奉献给伟大的共产主义。当你面对错误百出的工作说出自己需要学习时，你显然并没有真的把吃饭睡觉的时间都用在学习业务上。

还有，不要再拿自己的智商当挡箭牌，如果你都觉得自己笨，相信我，没有人愿意请一个蠢货。请通过努力掩饰自己的智商不足，至少让自己显得不那么愚蠢。当然，更重要的是把玻璃心扔得远远的，特别是如果你碰见了我这样的刻薄毒舌，因为在你一事无成之前，你的自尊心一文不值。

别把你唯一的人生当作买彩票

几个月前，远房的表姐要我帮她修改一下简历。看了简历，我倒吸了一口凉气。一张粗制滥造的Word表格，寥寥几行，信息不详，不像是简历，倒像是一份个人信息登记表，分明在向看简历的人暗示：本人无法胜任。很难想象，这出自一个有着十几年工作经验的人之手。

家乡是北方的二三线城市，表姐的收入远低于当地的工资平均线，在一家小公司任劳任怨工作了十余年，若不是因为领导的一次安排让她觉得遭遇了不公平对待，恐怕这辈子也想不到要换工作。

可是这件事之后，她受了大委屈，原本以为自己是公司不可或缺的资深元老，没有功劳也有苦劳，却不想在老板眼中只是个连新来的临时工都不如的小角色，于是愤愤不平，铁了心要换工作。家人都说，这是好事，毕竟当下这份工作实在是没有任何前途。

单看眼前这份简历，我是丝毫看不出她有多大的换工作的决心。我耐着心跟她讲简历应该怎么写才能吸引眼球，又找出几个范本，又过了几天，她总算照着葫芦画瓢，抄了一份勉强能看的简历，开始了换工作之路。

几个月后，工作还是那份工作，表姐还是那个表姐。我一问，一次面试也无。细聊之下才知道，原来表姐只投了几家她认为所谓合适的公司，当地为数不多的几家大公司。

我说，也罢，不着急换工作就慢慢等吧。

表姐说，谁说不急？我当然着急了，可总要有合适的才行吧。

我对表姐说，你一没学历，二没能力，你甚至都写不好一份简历，真给你一个大公司的工作机会，你又拿什么去胜任呢？为什么不现实一点，投点更符合要求的岗位，只要比你现在的收入高，也算是有突破啊，谁也不是一上来就有高起点。

表姐想了想说，嗯，我这个人在有些问题上不愿将就。反正能做的都做了，剩下的就是碰了。

我说，你显然没有把该做的都做了。首先，你随随便便弄了一份连你自己看了都不会雇用你自己的简历，然后希望雇你的人是个傻瓜，看不出来这件事。其次，你没有穷尽所有的力量，挖地三尺找出一切适合你的岗位，而是随随便便在一家招聘网站上选了几个大公司。最后，你也没有为接下来可能的面试做任何准备，而是悠闲地在办公室喝茶浏览网页，把一切都交给所谓的“运气”，指望某天从天而降一份 Offer。你这是典型的“买彩票”心态。

这些年，我见过太多人，怀着一颗买彩票的心去对待一切人生大事，不去付出，或者付出的远远不够，却指望以小博大中头奖，把梦想寄托在永远都够不到的事情上。虽然我没复习功课，但是万一蒙的每道题都对了呢？虽然我不美，但万一就有高富帅喜欢我这一型呢？虽然我工作经验不足，但万一就有企业看上我呢？

面对失败，他们永远有最好的理由为自己开脱：运气还不够，缘分还没到，欣赏我的人还没来……

这类人最不喜欢做的一件事就是“将就”，在现实面前无比“理智”的就是他们：枯燥乏味的工作不喜欢，不擅长的领域不适合，条件一般的另一半决定不考虑；在期望面前失去理智的也是他们：找工作要事儿少钱多，找对象要貌美多金，眼睛永远长在天上，双脚一直站在井里。

美国作家Matthew Sweeney写过一本《彩票的战争》：在购买彩票上花销最多的人往往受教育程度更低、收入更少。事实也的确如此，2008年的一项国内调查显示，当年最喜欢购买彩票的地区是西藏、云南、甘肃、宁夏等这些经济不发达地区。穷人热衷于买彩票，其中的一个重要原因就是成本投入小，却能为自己吹一个无比巨大的肥皂泡。

无端地给自己设定了无数的可能性，陶醉于命运之神降临时的无限荣光，甚至连获奖感言都已经想好，万事俱备，只差天上掉馅饼。可惜的是，从天而降的并不是馅饼，更多的时候是鸟屎，越是心怀侥幸的人，接的鸟屎就越多。于是你更加信命，也更加恨命，觉得自己时运不济，命运总欠你一个说法。

一个人有梦想，不安于平凡原本没错，否则和咸鱼还有什么区别？可是你有一万种方法去完成你的梦想，这其中偏偏就不包括做梦。辛德瑞拉的故事鼓舞了一代又一代的灰姑娘们，但是她们忘记了，在见到王子前，灰姑娘已经为自己换好了华服和水晶鞋，那一刻，她并不是灰姑娘。

给你一个王子，你是否已经穿好了水晶鞋？这世上从来就没有无缘无故的缘分，命运是把锁，钥匙在自己手里，别把自己唯一的人生当作买彩票。

为什么我们要做一名学霸而不是学渣

高考在即，朋友圈再次出现了各种调侃知识无用、高考无法改变命运的段子。

学霸和学渣的各种故事，是近两年段子手们比较喜欢的一个题材，大部分都以嘲讽学霸为主。有一个说法比较流行：上学时一定要善待你身边的差生，因为将来你大学毕业去工地搬砖时会发现他们是你的老板。

童话里的都是骗人的

曾有一个流传很广的长微博，讲了一个“我”和“张二狗”的故事，更是将对学霸的嘲讽推向了极致。故事中的“我”自小就是传说中“别人家的孩子”，学习永远排在第一，最终考入大学，而张二狗则打架惹事，挂科留级，是不折不扣的传统意义的“学渣”。张二狗初中毕业从包工头干起，最终做大做强成立了自己的公司。很多年后，“我”处处碰壁生活拮据，张二狗却风生水起，成了“社会的骄傲”。

不得不说，这个故事非常励志。因为这个世界上，学霸毕竟还是少数。对于大部分在“别人家的孩子”阴影下长大的人来说，看学渣逆袭是一件非常爽的事情，以至于他们转发评论大骂这个社会畸形的教育制度时已经忘记了，自己其实并没有过上传说中张二狗的日子。

的确是有那么一部分“张二狗”存在的，曾有一个自媒体人沾沾自喜地说，自己现在的收入是一个博士毕业的学霸发小的10倍，能感受到那个平淡的叙述背后，带着一种怎样的大仇得报般的快感。

我也想讲一个我学渣同学的故事，权且就叫他李二狗吧。李二狗挂科逃学，是老师同学的眼中钉，不过学生时期过得也挺风光，算是当时的“带头大哥”，背后有一票小弟跟进跟出。

时光流转，李二狗上完初中后自然考不上高中，去了一所技校，待了不到一年就因为打架被开除，于是开始了漫长的社会青年的日子。一年前我回家，在超市买东西时碰巧遇到了李二狗，他正在卖力地推销着某品牌饼干，全无当年的威风煞气了，态度谦卑而诚恳。

当然，李二狗的故事还可以有更多的版本，比如有一个富一代的父亲，那么他可以轻轻松松当上总经理，出任CEO……但是他没有。终有一天你会发现：童话里的都是骗人的。

再反过来看看学霸们，有人曾经做过统计，跟踪了几十位10年前的高考状元，发现他们没有一个变成马云、马化腾这样叱咤风云的人物，这个“科学根据”给了更多人鄙视学霸的理由。

其实这个调查在刻意回避一个问题，那就是这些当年的高考状元，大多已经是单位的中高层，或是自己经营一家不小的公司，或是某个领域的权威，纵使没有大富大贵，但日子过得都不差。而如果你肯把学霸的范围再放广一点，不再拘泥于高考状元，就会发现李彦宏、王小川、张朝阳这些互联网大佬，无一不是毕业于清华北大的“学霸”。

而学渣们就只能说各有各的际遇造化了，当然有混到人中龙凤之列的，比如一直被人们津津乐道的当年高考数学只拿了个位数险些连大学都没有进去的马云（相比许多小学、中学毕业的学渣，说着一口流利英语的马云严格意义上说只是偏科，根本就不能算作一个学渣），还有一些富二代顺利接管了自己父母的公司，但更多的人却沉淀到了社会的最底层。

更具讽刺意义的是，尽管牛×学渣们自己也喜欢强调学习成绩不能说明一切，但如果底层学渣拿着简历到牛×学渣的公司想要找一份工作，前台接待的人会明确告诉你：对不起，你的简历不符合我们的要求。

学渣逆袭学霸？“田忌赛马”而已

如果我们将自己身边学霸和学渣的际遇做一个对比，不难发现，学霸们的轨迹其实大致相似：名校毕业，或直接去了某大型公司，或出国深造，工作做到了一个不错的位置。学渣们如果不是有家族产业可供继承，大部分都在老家做工人，拿着仅够解决温饱问题的月薪。

不是没有学渣逆袭，但是一个小学文化没有背景在工地上搬砖的学渣，想要和一个名校毕业一路顺风顺水做到名企高管的学霸有朝一日坐到一张桌子上喝咖啡，要付出比读书多几百倍的汗水，恐怕只有他自己才知道。

也不是没有清华毕业当保安或是北大毕业卖猪肉的例子，纵观北大清华近百年校史，这样的个例少到几乎可以忽略不计，却偏偏被媒体和舆论拿来放大再放大。

因为在人们的心中，学霸理所当然要比学渣过得好，一旦有一个过得不好的学霸或是一个出人头地的学渣冒出来，自然就成了大众津津乐道的典型。

这件事其实有点田忌赛马的意思：如果你拿最好的学渣去比普通学霸甚至过得最不好的学霸，的确能得出一个“学习无用论”；但如果你肯面对现实，用大多数学霸 PK 大多数学渣，你就会发现学渣早就被秒得连渣都不剩了。

为了下一代，还是做学霸吧

学霸就算有千般好，也就凤毛麟角那么几个人。我上学那会儿天天叫着要上清华，最后也没有去成，所以做不成学霸并没有什么丢人的。努力而最终没有在读书领域有所斩获的人，同样值得尊重。可是抱着一种吃不到葡萄说葡萄酸的心态，鼓吹读书无用、学历无用，恨不能鼓励全天下人都做学渣，就有点无耻了。

曾有个自认为逆袭成功的学渣扬扬自得地对我说，学习好有什么用？“985”有什么用？读研究生又有什么用？我当年学习那么差，现在什么都有了。

我说那你怎么为你儿子的教育打算的。他说那还用说，当然要让他读最好的大学，最好是出国。

说来说去，他还是想让自己的儿子做一个学霸。

一个成功的学霸和一个逆袭的学渣看上去好像“扯平”了，可是偏偏基因是个很有意思的事儿，学霸的下一代通常都是学霸，学渣的下一代往往还是学渣。新加坡国父李光耀是个不折不扣的学霸，当年以全新加坡第一的成绩考入剑桥大学。他的儿子李显龙除了曾经是新加坡总理，还有一个不为人知的身份，就是剑桥大学数学系一等荣誉生。再看看那些泡女明星、飙车、三天两头上娱乐版头条的富二代，他们的父亲或母亲通常都是逆袭的学渣。

马上就要高考了，能改变多少人的命运也许说不好，但是努力总是没有错的。做不成李彦宏，你至少还能去百度打工；做不成张二狗，你的下一个目的地可能就是某个工地了。这就是为什么即便马云的励志段子满天飞，每个父母却仍然想要孩子做一名学霸的理由。

不是别人情商低，他只是不在乎你而已

前几天看了一个有趣的漫画，叫《情商低的9个表现》，看下来，倒更像在说让人讨厌的9个表现，而讨厌你的人也只是 the one 不是 one。秦桧还有三个好朋友呢，一个人要想让所有人都讨厌，难度基本等同于做一张全是选择题的考卷得零分。

一直以来，似乎并没有人给情商高低定一个明确的标准。测智商比较简单，很多机构都可以提供专业的检测报告，或者去报名参加门萨俱乐部的考试，高下立见。辽宁的高考状元如果做山东卷，排名也不会有多少出入。牛顿再不喜欢莱布尼茨，也不能昧着良心说人家是傻×。

情商怎么考量？给一张考卷限时作答？要是考满分，估计还是智商问题。有人说情商高的通俗解释就是：尊重他人，照顾他人感受，心胸豁达，人际关系良好……可是这怎么可能绝对？刘德华是圈内的大好人，以高情商闻名，但疯狂粉丝杨丽娟此生是肯定不会这么认为了。张柏芝这两年墙倒众人推，成了低情商的代表，有粉丝却站出来说她“人很美，没架子”。

所以说，智商是个绝对值，而情商只是个相对论。

“不喜欢换位思考，不在意他人感受”“始终要在言语上胜过别人”“哪壶不开提哪壶”这些被列入低情商行列的表现细细想来都不绝对。你觉得不在意你感受的人，没准此时正在为一个根本不理她的人“对镜贴花黄”；始终要在言语上胜过你的人，可能只是瞧不起你，面对自己佩服的人，肝脑涂地也不是不可能；还有哪壶不开提哪壶的，或许就是冲着你这一壶来的。无所谓失去一段友谊，自然也就无所顾忌。你要是特别在意一个人，每说一句话都在心里咂摸 180 遍再出口，保证得罪不了人。

“情商低”更多时候就是“我根本不在乎你”的一种托词，或是被讨厌者的一种自我安慰。不喜欢你，自然就不必为你处处字斟句酌，考虑如何让你舒心欢喜。都说许晴情商低，怎么偏偏张翰就能为她顶着骂名踩前女友呢？

有人说，情商低的人不会取得成功。扯淡，如果你没有取得成功，只能说明你智商也不行，别都赖到情商上。一个人智商要是高到一定境界，绝对是可以取代情商的。天天把时间用在和人搞关系拉赞求好评上，爱因斯坦也成不了爱因斯坦。倪光南当年跟柳传志世纪大作战，灰溜溜地被赶出了联想，如今照样风光无限地作为中国工程院院士出席各种高大上技术论坛。

对于经常被人说情商低的人来说，树敌太多也绝不是什么好事儿。先要自己想得够通透，能淡定地埋头做自己的事情，你牛×了，有的是人愿意过来跪舔，不必讨任何人欢喜。最怕就是有一类人，把他人当傻×却还希望人家喜欢你，这不公平，世界上也没这么便宜的事儿。男女关系除外，因为总有一个愿打一个愿挨。

整天都有鸡汤教人如何做一个高情商的人，但是你以为那些在大众眼中情商奇高的人就会幸福吗？未必。情商高不等于博爱，明明觉得你很烦，却还是努力地表现出在意你，为自己争取个全五星好评。影帝不一定情商高，但情商高的人都是影帝。薛宝钗再忍不了林黛玉的小性子，还是要耐着性子把大家闺秀的风度演到底，让林黛玉自责“我最是个多心的人，只当你心里藏奸”。那累心程度岂是一般人能承受的。

况且这演技你也不一定学得来。这个世界有表演欲的挺多，演技却多半是天生的，没天分还非要表演的人戏份往往流于浮夸，拍马屁拍到马蹄子上，越热情越让人讨厌。最后暴露的不是情商低，而是智商捉急。

更有意思的是你觉得谁情商高，对方未必觉得你情商高，但你觉得谁情商低，对方也一定这么认为你。前者更像单相思，后者才是两情相悦。所以别忙着给对方的情商打分了，你觉得谁情商低，只能说明你们不适合在一起愉快地玩耍，保持基本的礼貌与尊重，离远点就好了。你又不是上帝，凭什么要求所有人都喜欢你？

最后，送一句话与君共勉：情深不寿，慧极必伤。世间破事，去他个娘。

你去看了世界，回来却找不到自己的世界

毛姆说：如果你忙于在地上寻找那六便士，你便不会抬头看天，也便错失了那月亮。可是现实中，月亮和六便士的关系远远没有那么简单。

Y 的故事：

他去看了世界，回来却找不到自己的世界。

Y 是我的一个朋友，前媒体人，年近 30，在一家工资都发不出来的小公司，随时准备辞职。前几天，他让我帮他介绍工作，这已经是他第三次找我帮他介绍工作，说是帮忙介绍工作，其实他也并不清楚自己要做什么工作。

他是个挺潇洒的人，起码看上去是。能写文会画画，偶尔还玩玩乐队。当年说辞职就辞职，背上行囊一个人跑到美国待了大半年，朋友圈里传的照片全是旧金山的纸醉金迷。如果不是他打电话来找我帮忙介绍工作，我都不知道他什么时候回来的。后来我才知道，他回来半年有余，已经换了三份工作，按他的说法，都不太靠谱。

和之前媒体人的那份光鲜比，现在的工作的确都不太靠谱。Y之前做的是汽车记者，那会儿纸媒还是风生水起的时候，厂商三天两头就有活动邀请，出入皆是五星酒店，时不时还有个宾利、玛莎拉蒂的试驾，一群乙方跟在后边老师长老师短，随便拿点车马费，也是笔不小的收入。

不过Y在赴美之前就已经立志离开他原本就不怎么热爱的汽车圈了。按他的说法，纸媒衰微，国家严打，记者现在出去跑会连个车马费都拿不到了，也不值得再留恋，宁可去新的行业从新人干起。

回来后，他就开始了频繁的尝试和跳槽，市场、策划、销售……各种不靠谱的小公司，月薪少则三两千，多则也不过四五千。我说我特羡慕你这种说走就走的潇洒状态，但是你真的一点都不担心未来吗？他说，怎么不担心，我他妈都担心死了！

按 Y 的说法，美国半年花光了自己所有积蓄，所以当务之急还是解决温饱问题。

Y 的疑惑：人到 30，往前一步到底是什么？

Y 很费解，为什么一个三流大学的应届生找工作都比自己顺利？我说人家当然比你顺利，职场“老人”最重要的工作经验你没有，应届生的冲劲儿、学习能力和服从意识你又没有，而且你还比人家老，企业当然不愿要你。

这不是 Y 一个人的苦恼，最近很多工作了几年的人在后台发来咨询，觉得自己的人生道路越走越窄。毕业头两年还有不断试错的机会，工作越久越难转型，快到 30 的时候，焦虑感往往达到顶峰。

那些觉得世界这么大需要去看看的，多半都是这个年龄。说白了，社会压力大，中年危机提前了。与其说想去看看世界，不如说是不管三七二十一把所有烦恼先丢在一边，幻想自己回来时它们会自行消失。结果回来后不止麻烦一点没少，原有的阵地也失守了，你变成了一个尴尬的“职场老新人”。

但凡能感到焦虑的人群，大多还是有些才气的。若全无才华也就罢了，心甘情愿做一份平庸的工作，拿一份低人一等的工资。可是偏偏还有些才华，能一眼看穿别人的傻×样，却怎么也无法证明自己的牛×，所以处处觉得委屈，老路走不下去，新路又蹚不出来，就这么不尴不尬地看着年华老去。

Y 的现实：人生没有鸡汤，你终将听到梦碎的声音。

其实我大可以给你端上一碗热腾腾的鸡汤，告诉你 30 岁才是哪儿到哪儿啊，马云 30 岁的时候还骑着自行车挨家挨户卖他的黄页呢，吴秀波 30 岁的时候也只是个“死跑龙套的”。只要是金子，早晚能发光……

很感人很励志吧？但是时间一定会让你听到梦想破碎的声音。最终你会发现：你焦虑的，往往会成为现实，你期盼的，多半不会成功。世界是很大，但属于你的那片天却很有限。

我能理解 Y 的苦恼，大家都在弯腰捡六便士的时候，他抬头看月亮，等到终于低下头，地上已是一片霜。那些当年一起做记者的，有的做到了主编，有的是不错的自媒体人，也有做得不好的现在大多转了行，好歹工作经验是不断积累的，混得也不至于太差。就连当年那些追着叫自己媒体老师的乙方，有些都已经做到了年薪几十万的公关总监。与其说 Y 不能接受这份平庸的工作，不如说是不愿接受这个正在逐渐沦为平庸的自己。

问题是，除了用出国、跳槽这样的方式来逃避现在糟糕的生活，Y 也并没有为摆脱这个平庸的状态主动做出什么改变。他觉得自己有才华，只是时运不济，可是他的努力程度太低，低到他的才华根本轮不到上场。

相比那些不满于现状，明确知道自己要朝什么方向转型的人而言，Y 们最大的特点是并不知道自己要什么，什么都愿意尝试，试后又觉得不够合适，他们更需要的是从天而降一个馅饼，一口就能填饱肚子。

人到中年可怕的不是一事无成，而是不能和平庸的那个自己握手言和，却又对未来束手无策。你羡慕着马云人到中年咸鱼翻生，却忘了他在最落魄的时候也没有抛弃过最初的梦想。

我对 Y 说，你若能放低自己的姿态从新人做起，起点也就无所谓高低，熬过最难的几年，事业自然会慢慢起来。要是不甘心，不想寄人篱下，就索性去创业，闯出一片天地也未可知，最怕的是双脚始终不能落在地上。“人挪活树挪死”不过是一个相对论，如果你不知道自己的方向，挪来挪去的结果就只能是从一个火坑挪到另一个火坑，最后发现，连火坑都没你的位置了。

这是 Y 的故事，也是你和我的故事。谨以此文送给所有想去看世界的人，世界太大，别把自己弄丢。

盲目质疑一切是任人宰割的开始

近两年的大众传播有一个怪现象，那就是如果某个人物因为某件正面的事情一夜之间成了万众瞩目的话题焦点，24 小时内，就必然有相关的反转剧情出现。有多快的速度把一个人捧上神坛，就有更快的速度把他拉下来。

比如伟大的安妮前脚因为“百分之一的生活”被刷屏成为励志典范，各种扒皮跟着就出炉了，还没过一天，她就成了抄袭者、心机婊。

发布“雾霾调查”的柴静也得到了这个待遇，头一天，她还是真相的揭露者，第二天就变成了“别有用心”的卖国者。

这样的戏码，一年少说也要看上十几回，早已见怪不怪，基本上只要谁一夜爆红，就等于被送到了屠宰场。喜欢看热闹的，大可放心准备好板凳瓜子候着。真真假假，总之仁者见仁，智者见智。

不过这两天，一对被反转的人物还是出乎了我的意料，那就是我本人非常喜欢的扎克伯格夫妇。他们宣布捐出99%身家的当天就被“避税”的质疑声裹挟了，有人头头是道地分析：因为美国的遗产税太重，“捐款”是为了避税，留给女儿更多的钱。

站在国人的价值立场，这个说法显然更能被接受。在中国推行裸捐无异于天方夜谭，中国富豪们连安全感都没有，还谈什么回报社会？而对于中国父母而言，拼命工作挣钱就是为了能给子女留下更多财产。像刘銮雄给女儿送限量版钻石，才是典型的中国父亲表达爱女儿的方式。

不过如果你肯花哪怕3分钟时间研究一下美国的相关制度，就会知道慈善的空子不是想钻就能钻。信托和慈善基金是两回事，扎克伯格夫妇将做的是一个LLC架构的公司制法人慈善组织，不会享受任何减税奖励，而他的女儿，也无法从中继承一分钱。

当然即使对美国慈善制度缺乏任何了解，我也从未相信过避税一说。一个根本不在乎钱、生活标准几乎比你我都低的人，会为了多留几个亿给自己刚出生的女儿如此处心积虑？无论是 4 亿还是 400 亿，都不过是一个虚无缥缈的数字而已。更何况在美国的精英价值观里，财富生不带来死不带走，全部留给子女才是一种耻辱（此处只阐述事实，不对中国富豪做道德绑架，更不提倡逼捐，只要是合法所得，如何处理都是公民个人自由）。

感性一点说，你心里有什么，眼里就看到什么。夏虫不可语冰，蟑螂们所能理解的世界就是一个下水道。常年被红会和各种贪腐问题深深打击过的国人早已习惯对一切“慈善”打上问号，素来不惮以最坏的恶意揣摩他人。

但理性上，却绝非归结为国民劣根性这么简单。当一个人原有的世界观遭到来自外界不同意识流的冲撞，从而出现两种截然不同的认知时，会本能地产生一种不愉快，你会对自己说：“这！不！科！学！”心理学上有一个专有名词，叫“认知失调”，任何人都不喜欢看到或者听到与自己所坚持的信念相冲突的事情。

比如你坚信勤劳致富，那么就会对所有一夜暴富的故事不屑一顾，一定要证明对方是钻了什么法律的空子。你认为人性本恶，看到他人行善，就会将其解释为别有用意。人类天生具有自我辩护机制，灾难降临时，谣言就会四起，因为要为自己的恐惧辩护。看到国外富豪裸捐，“诈捐”“避税”等观点往往更容易被接受，因为要为自己的私心辩护，证明他人也并非“无私”。

没有人愿意轻易被改变，为了减少认知失调，人们面对与自己立场不同的人和事，最乐于听到质疑的声音，这是一种变相的“自我防卫”——以免自己像傻瓜一样被人愚弄和操控。

质疑本身并不是一件坏事，当我们面对外界鱼龙混杂的海量信息时，首先要有自己的判断、分析和过滤。整个人类的文明和进步都是建立在对前人的质疑、推翻和改良上。任何人都可以被质疑、批判，前提是你有足够的依据。这个依据，建立在反复的调查与求证上，而不是你的固有认知。

比如你想证明扎克伯格是在避税，请先精通英文，熟悉美国的法律，翻阅所有相关的文书，对其在美的公司业务有足够的了解，而不是简简单单地复制粘贴。做到这些的前提，是你有足够宽阔的视野。

你在井底，天空永远都是井口那么大；你在下水道里，外面的一切皆是臭的。可是越是一个在井底的人，越以为自己拥有了整个世界，害怕一切认知失调。他们相信一切天马行空的质疑，不是为了公益，也不是为了真理，仅仅是为了证明自己有全世界最无懈可击的价值观，并深深地引以为豪。

他们不愿相信世界的美好，也拒绝接受人心的善良，因为只有这样，才能为自己恶劣的生存环境做出解释，继而陷入一个悲观主义者的恶性循环。

不记得是谁说过一句话：当一大群人觉得自己有了独立思想，敢于盲目质疑任何事情的时候，实际上才是一个个任人宰割的羔羊。你以为自己是在为真理而奋斗，却离真相之路越来越远。

没有人的三观一成不变，出现认知失调并不是一件坏事，承认自己的局限性也绝不丢人，敢于接受自己认知以外的事物，才是真正的理性所在。

无论反转剧情如何上演，我仍愿选择去相信这个世界美好的一面。

Chapter 3

为什么
你的努力一文不值

你以为缪斯女神会随意光顾一个懒惰的人吗？

一个人只有非常努力，

并且善于在努力中思考总结，才能频频迸发出灵感。

那些你眼中做事毫不费力的人生赢家，他们比你努力一千倍、一万倍。

为什么你的努力一文不值

A 是我带过的最努力的实习生，但是除了努力，我暂时也想不出其他的褒义词。她每天来得最早走得最晚，笔记本上记得密密麻麻，做事从来没有怨言。然并卵，她没有拿出过让我惊艳的东西，倒是因为捅过几次不小的娄子，我不得不渐渐收窄她的工作范围。每当遇到问题，她的回应总是：我没有想到事情是这个样子的。

B 则是她的中年版，三十几岁的人了，靠着频频跳槽才做到了一个小组领导，因为专业太差，几乎遭到了所有合作过的同事的投诉。即便如此，老板在不让她通过转正这件事上仍有些犹豫：毕竟，她这么努力……

国人素来推崇努力，所以才有了悬梁刺股、凿壁借光、囊萤映雪这样的典故，和“书山有路勤为径”“勤能补拙”“笨鸟先飞”“爱拼才会赢”这样的金句，好像只要努力，就一定能成功。就算不成功，他人也必须抱有一份尊重，毕竟已经尽力了，也就无可指责。

于是就有了一群为努力而努力的人，上学时他们睡得最少，上班时他们走得最晚，案头上的事情永远做不完，始终勤勤恳恳、任劳任怨，成绩却一般得不能再一般。你会发现，所谓的努力，不过是效率低下，把别人 5 分钟就能做好的事情用 1 个小时来完成，人为地延长自己的生命，简言之就是不走心。

这样的努力，不过是用战术上的勤奋来掩盖战略上的懒惰，他们既不肯在“努力”前稍微动动脑子，做好规划，也不肯在“努力”无果后做好总结，吸取教训。他们很有西西弗斯的精神，不怕失败，对成功也并没有太强的渴望，非要在南墙上撞个头破血流，证明自己真的非常努力。

努力当然是个好东西，但很多人在拿自己的实际行动侮辱这两个字。有些普世的价值观，反而容易教坏小孩子。我们接受的传统教育中，教人卖苦力的太多，教人动脑子的太少。蒲松龄说，苦心人天不负，卧薪尝胆，三千越甲可吞吴。可是如果勾践只是靠努力，那还有西施什么事儿呢？

这个世界上，大部分都是懒人，只是有些人表现在行动上，有些人表现在思考上。第一种是看得见的懒，第二种却成了人们眼中的努力勤奋。

相比之下，我倒觉得第一种人成功机会还更大些，有时候一个人行动上懒了，如果又不想饿死，起码会在事前多动动脑子，为自己找出一条最好走的捷径。倒是第二种人，他们努力了一辈子，最后的标签也只是努力。

爱迪生够不够努力？试验了几千次才发明了灯泡。不过我敢说，他要是每次都试同一种材料，就是再勤奋上一万倍，试验上一亿次也没用。后来他成功了，他们说他是天才。

爱迪生也有一个金句：天才就是 1% 的灵感加上 99% 的汗水。这句话被无数人奉为经典，但是据说这句话其实还有当年因为政治原因被删除的后半句：但那 1% 的天分是最重要的，甚至比那 99% 的汗水都要重要。

你以为缪斯女神会随意光顾一个懒惰的人吗？一个人只有非常努力，并且善于在努力中思考总结，才能频频迸发出灵感。那些你眼中做事毫不费力的人生赢家，他们比你努力一千倍、一万倍。

对于大部分人来说，你以为自己付出的是努力，实际上只是体力。为什么人们把“勤奋”的王冠送给了蜜蜂而不是屎壳郎？并不是后者付出的体力少，而是前者的劳动结晶是蜂蜜。

如果不能创造价值，你的努力一文不值。

没有一个冬天不可逾越

前晚，又一次梦到了高考。还有几天要考试，却发现自己连正余弦定理都不记得了，火急火燎地翻书却找不到答案，于是在惊恐中醒来，突然意识到自己大学毕业已经很久了。我不知道这是我第几十次梦到高考。算下来，距离我结束高考已经过去了整整9年。我经历过两次高考，这在高考生里并不稀奇。我有个朋友当年一心想考中央美院，接连复读了4年，最终还是去了川美，白白浪费了最好的4年时光，如今却是圈内小有名气的青年艺术家。失之东隅，收之桑榆，不得不感慨造化弄人。

“我要复读。”这是10年前的夏天，我特别平静地走出考场，跟我妈说的第一句话。

直到高考前一个月，我妈才发现我上学放学是不背书包的，她说：那你怎么写作业？她不知道的是，我已经两个月没怎么写过作业了。我和同学逃课去葬淹死在水池里的猫，去天台聊梦想，去广场参加义务献血，去理发店把耳朵打成马蜂窝。青春不能重来，但是可以胡来。

我妈说，复读可以，由着你的性子不行。你之前生活得太滋润了，去县中学受受罪吧。托了一位邻居的关系，她还真给我找到了学校——据说每年都能出几个清华北大的县一中。开了4小时的车，请校长吃了一顿饭，入学的事情就算搞定了，我插进了高三最好的文科班。

这是我人生第一次尝试集体生活。一进宿舍门，一股潮湿发霉的馊气扑面而来。10平米见方的宿舍，密密麻麻摆了13张床，几乎没有下脚的地方。每个人的床下都摆着一只暖瓶、一个脸盆和一个大号的水桶。

我要睡的，是位于过道中间的行李床。把床上的杂物一一清理完，我们才发现头顶居然没有风扇，时值7月，屋里就像一间桑拿房。我问旁边的女生：没风扇？她说，对。随后补了一句：暖气也没有。我瞬间就不觉得热了，那一刻心像跌进冰窖一样冷，半天没有缓过来。我仔细打量了一番四周，连一个电源插头都没有，这就意味着你甚至不可能拥有一部手机或是 MP3 之类的电子产品，你几乎可以理解为这是一只大号的集装箱。

我妈擦了一下脸上的汗，犹豫了一下问：还决定复读吗？现在回去接受调剂还来得及。我不想就这么向自己的人生妥协，就故作云淡风轻地说：我觉得这里还行。

送走了我爸妈，复读生活就算开始了。班上有 70 多个学生，岁数都不大，当地普遍上学早，还流行跳级，最小的才十四五岁，大多来自农村，读书的确是他们摆脱贫困的唯一出路。

班主任是个 40 多岁的中年男人，姓牛，教历史，操一口方言，说得快了，我便一句也听不懂。他疯狂崇拜毛泽东，梳一个和毛泽东一模一样的大背头，背起语录来滔滔不绝，来北京必去纪念馆凭吊一番。他隔三岔五在班上组织一次大规模的集体投票，用类似选班干部的方式，选出班上近期最不守纪律的学生。我对于这种行为既不解又不屑，通常选择直接扔上一张白条。票数高的人要先在班里接受一番游街式的羞辱批斗，然后被遣送回家待几天反省反省，再回来时，脸上往往挂着青。不过有两个得票常年稳居榜单 Top5 的人，他是从来不送的，一个是当时班上的学霸，一个据说是县里某高官的儿子。

英语老师据说是他当年在师专时的同学，两人素来被传不合。和老牛打鸡血式的雄赳赳气昂昂不同，他讲课有些娘娘腔，爱拖堂，背微驼，站在讲台上总像没太吃饱饭。印象最深的是有一次讲一篇关于 dragonfly 的阅读理解，他一直说“飞龙”如何如何，我总觉得好像哪里不对，听到最后恍然大悟，所谓神秘莫测的“飞龙”不就是蜻蜓嘛。

显然，这里的师资比不上省城，高考成绩的取得源于近乎魔鬼式的管理。相比之前高中的散养，这里严苛得就像一座监狱。早上 6 点出门跑操，跑完到教室开始晨读，然后上课。晚自习上到 10 点，除了中间吃饭和课间休息，全天几乎都待在教室。周末没有休息的概念，大约每个月只有半天假。由于老师经常拖堂，厕所又在楼外很远的地方，所以通常没有多少上厕所的时间。

厕所本来就是简陋的大排蹲坑，大概本来也习惯了在田间地头解决问题，许多等不及排队的女生直接尿在坑外，于是地上尿流成河，常年是一摊摊尿渍和风干后的手纸，10 米开外都能闻到浓浓的尿骚味儿。初见这一幕时我简直惊呆了，即便到最后离开我都没能释怀。中午吃饭的时间倒是很长，可是吃那样清淡的饭，也用不了多长时间，饭盒不用怎么刷，实在没什么油水，倒点清水就能涮得干干净净，有懒惰者直接把剩菜倒掉，一星期都不刷。不过最难过的大概还是回到宿舍。睡在我旁边铺位的女生有严重的狐臭，风一吹，简直就在上演聊斋。没有风扇，漫漫长夜她只好不停用纸壳扇风，一呼一扇之间，臭气就钻进了我的鼻孔，避无可避。

听歌是唯一让时间过得快一点的方式，我学当地的学生，花30块钱买了一台随身听。门口就有一家专营盗版专辑的音像店，所有专辑一律3元一盒。复习的那一年，我买的磁带摆放了整整一个纸箱。听腻了磁带，随身听也能听广播，最爱听的是各种深夜谈心节目，听听各种狗血人生，也便觉得自己生活得还不算糟糕。有一天深夜，我听到一个女孩讲自己小时候被亲生父亲强暴的事儿，听完久久不能入眠。后来我以这个故事为原型，写了小说《长安街1987》，发表在了青年文学刊物《青红》上。

因为不能洗澡，大家只好去厕所打水往身上浇，这就是我一进宿舍看见的水桶的用场。夏天还好，后来天气转凉，我渐渐落下了痛经的毛病。

冬天终于还是来了。教室也没有暖气，上课要穿着大衣、戴着手套，走到哪里都是冷飕飕的，鼻尖始终又红又硬，总觉得不能碰，一碰就会掉。厕所的尿渍迅速结成一团团尿冰，去上厕所不止要掩鼻，还要防滑。宿舍彻底冷成了一个冰窖，比我在夏天能想象的冷还要冷上10倍。睡不着，可是也不敢失眠，失眠就想上厕所，上厕所就要里三层外三层穿好衣服出去，来来回回折腾个几次，就到了起床的时间。

那是我人生中最寒冷的冬天，一个人在一个陌生的县城，没朋友也没亲人，身子是冷的，心也是冷的，好像被困住了。一闭上眼什么都涌向脑海，睁开眼却一片茫然。

也是那一年，我的手史无前例地生了冻疮。我爸来看我，我突然说：我想发明个防冻鼻夹，把鼻子盖住，一定能大卖。我爸爸笑得前仰后合，笑我的幼稚不靠谱，笑完又有些心酸，拉着我的手半晌没有说话。这些年，他时不时就会当作一个笑话提起，每提一次，我都会条件反射一般觉得冷。这几天变天，我过敏性鼻炎发作，摸摸发凉的有些喘不上气来的鼻尖，仍觉得这个创意大有市场。

在那里，时间好像静止了一样慢，每一天我都在倒数，我比任何时候都热爱高考，向往高考的来临。校园很大，没有称得上美景的地方，却仍够走上半天。烦躁的时候，我就绕着中心花坛一圈圈走，我跟自己说：没有一个冬天不可逾越。

《奇葩说》里颜如晶说，穷游，就是一个人跳出自己的舒适圈，离开自己习惯的地方。每一次跳出舒适圈，就意味着我们愿意成长。这一整年我都在穷游，也都在成长。后来我遇见再大的挫折，都会想起那一年曾对自己说过的话，还有什么过不去的呢？

一晃，竟然 9 年都过去了。

只要不被现实击垮，你就有一百种方法击垮现实

前几天被人问到最喜欢的美剧，脱口而出《傲骨贤妻》。1000个人眼中有1000个Alicia，女权主义者看到了一条女性独立之路，政治爱好者看到了美国政坛的明规则与潜规则，法律从业者看到了西方的法律精神，而我则看到了一个人强大而旺盛的生命张力。

故事的一开始，就把养尊处优的家庭主妇Alicia推到了一个绝境：做州检察官的丈夫Peter深陷贪污和性丑闻中，面临着牢狱之灾。豪宅被抵押，生活没了着落，还要强颜欢笑为丈夫的新闻发布会站台，在聚光灯前违心地说出那句“我相信我的丈夫”。快门啪啪啪地响，每一声都像在扇她的耳光。

为了撑起这个家，昔日风光无限的州检察官夫人只能重操搁下了 14 年的旧业，从最底层的助理律师重新做起，就这还是旧时的大学同学、她后来的挚爱 Will 力排众议用人情换来的。没有人相信她的能力，和她抢饭碗的是刚从哈佛毕业的小鲜肉 Carry。

承受着家庭和社会的双重压力，一边要处理繁重的工作，一边要为丈夫翻案，还要应付成天跟自己过不去的婆婆和照顾两个未成年的子女，Alicia 居然都挺了过来。从上法庭见法官都磕磕巴巴，到凭借自己的洞察力逆转一个个没有胜算的刑事案，成为律所的顶梁柱，她在事业中渐渐找回了自我，也重新赢得了丈夫的尊重和爱。5 年后的 Alicia，成为受人尊重的州长夫人和顶级律所的合伙人，这是她人生的第一个高潮。

不过很快，打击就来了——为了斩断和 Will 的情丝，她选择出走，和Carry创办自己的律所。在Will看来，这是不可容忍的背叛，面对 Will 和 Diane 的重重打压，Alicia 的事业举步维艰：办公室被搅黄了，几十个律师每天乌泱泱地聚集在自己狭小的公寓里办公；资金不到位，她不得不押上自己的全部身家；客户得从零开始开拓，硬着头皮和昔日同事为了几个大客户撕破脸……

好不容易一一熬过来，和 Will 的关系也有了回暖的迹象，就在人们还幻想二人有没有可能再续前缘时，Will 死在了法庭上。

Alicia 终于意识到 Will 对于自己的意义，却再也没有机会和他说一声再见。

参加州检竞选是 Alicia 人生的第二次转折。从不适应各种政坛潜规则，到从容周旋于客户、媒体和竞争对手之间，面对政敌的威胁毫不妥协，至少有那么一刻，她真的相信自己能够改写库克县司法腐败的历史。有一幕特别动人，Alicia 发表竞选演说，Peter 站台助阵。时隔 5 年，她终于又站在聚光灯下，只是她和他的角色换了。她穿着精致的套装，神采飞扬，眼角全都是自信的光芒。她不再是傀儡、陪衬、忍气吞声的怨妇，她做了自己人生的主角。当电台最终公布她当选的那一刻，鲜花和掌声一齐涌来，她迎来了真正的人生巅峰。

如果你以为故事到此结束，那就未免太小瞧编剧。属于 Alicia 的美好时光总是短暂得近乎讽刺：当选第二天她就遭遇政敌的攻击，陷入了作弊丑闻，不得不宣布辞职，成为人人喊打的“过街老鼠”，就连自己一手创办的律所也回不去了，还要硬着头皮翻看电话簿，给自己当年的捐赠人一个一个打电话致谢、道歉。

是的，这个女人再一次陷入了绝境，一夜回到解放前，5 年的时间好像做了一场梦，还赔上了全部身家和名誉。只不过这一次，她有了从头再来的勇气。没有办公室，索性把公寓腾出一角，两张桌子拼在一起，DIY 一张办公桌；没有客户，就从最不体面的保释律师做起……

这个女人就像一只打不死的小强，一次次被人打入谷底，又一次次触底反弹，用不可思议的速度满血复活。

不被现实击垮，你就有 100 种方法击垮现实。“办法总比困难多”，这是我父亲最爱对我说的一句话，从小到大，每当遇到各种各样的麻烦时，我总会下意识地在心里默念几遍。靠着这句话，踏过了小阴沟，游过了大风浪，神奇得近乎于咒语，一直受用至今。

老舍笔下的骆驼祥子同样经历了人生的几起几落，从一门心思攒钱买车到连人带车被抓去当壮丁，从好不容易逃出来卖掉骆驼换了 35 块钱到又被人抢走。和虎妞的结合虽非所愿，可是毕竟有了家，又买上了车。以为生活可以走向正轨时，虎妞却难产而死，为了办丧事，只好重新卖掉了一切。小福子的死成为压倒他的最后一根稻草，他彻底走向了堕落。

“人生不如意事，十有八九。”强者如 Alicia 能够在绝境中一步步变得更加强大，她随时准备着再失去一切，但同时也拥有了一切。弱者如骆驼祥子却一步步卸掉了盔甲，每一次打击，都把他推向更深的深渊。打倒一个人的不是现实，而是对现实的绝望。当你对生活选择了缴械投降，便再也无希望可言。

曾经在某体育用品超市遇见一对母女，女儿三四岁，在试一双轮滑鞋，一不小心没站稳“哐当”摔在了地上，因为是膝盖着地，那一下真是又脆又响。女儿抬眼看妈妈，年轻的妈妈只说了三个字——自己起。大概是习惯了这样的场景，女孩没有哭也没有纠缠，她两手撑地，慢慢抬起身，过程有些费力，失败了几次，但终于还是站了起来。起来后，女孩稚嫩的脸上露出了有些得意的笑容，缓缓地又滑走了。

我敬佩母亲的教育和小女孩的勇敢。在磕磕绊绊面前，我们总会觉得自己遇到的苦难远大于别人，世界给自己的运气远少于别人。你不知道的是，现实总是会找到最弱的那个人欺负，一旦你学会反击，它必定会落荒而逃。我们也许无力避免摔跤窘态，但我们能够选择站起来的姿势。

困难面前，我们都是这个小女孩，也许无力，但是只要不放弃，依靠自己，总还是能站起来。

谁说情商低就一定没未来

最近谈情商的文章大行其道，什么情商低到底有多可怕，情商低的人没有未来，情商高到底有多重要……有意思的是，这样的文章，阅读转发量都相当之巨。

人们主动转发文章到朋友圈，大概是出于两类原因，一类是代表自己，这样的文章甚至不必真的读进去，一个口号式的题目就够了，比如“女人一定要爱自己”“你太完美，所以才孤独”“姑娘，不要让自己这么完美”“我单身，因为我不将就”……

一类是旁敲侧击给他人看，比如“不必容忍傻 ×”“你不是高冷，你只是没素质”……情商类的文章，就属于后者。每个人转发的时候，心中都有几个特定的读者，恨不能@给人家看。

说白了，都觉得自己牛×闪闪，谁也不愿被人当傻×一样对待，某年某月某人说过一句不客气的话，恨不能记上一辈子。这些人，统统都被你定义为情商低，你当然希望人家没有未来。

至于这些人到底有没有未来呢，说不好，有些人，真的没什么未来，有些人，不但有未来，可能还左右着你的未来。

“说话不过脑子”是情商低的一个公认的重要表现。张爱玲有句名言：“一个人出名到某一个程度，总有权利胡说八道。”张爱玲自己的情商，在民国文学圈几朵小花里，也是公认的低。胡说八道，就是不过脑子。

情商低的另一个表现是高冷，一个人只要言语傲慢，不顾他人感受，就容易被贴上一道“高冷”标签。不过是不是真的高冷，就要看你的位置够不够高了。

A是我中学时班上的学霸，以高冷闻名，不喜社交，独来独往，真正的“两耳不闻窗外事”。谁若找他讲题，两眼一翻：没空！

这样的人，大概就是传统定义里的高冷情商低吧，喜欢他的人自然没有几个，连老师也说不上有多待见，背后暗暗说：别看他学习好，不会跟人处关系，未来估计走不远。但我知道的是，人家后来拿全奖去了美国，留在了某知名实验室。

这算不算走得远？见仁见智，欣慰的是，他一直在做自己。对于这样的人，我也许没机会和他坐在一张桌子上吃饭，却始终持有一份尊敬。

这几天朋友圈被刷屏的屠呦呦，据说脾气极差，“人格有严重缺陷”，所以一直以来连院士都不是，不过后来人家拿了600多个院士们都望尘莫及的诺贝尔奖。于是有人改口，说老太太是“真性情”。所以情商低的人到底有没有未来，关键还是看你是不是足够牛×，这才是睥睨一切的大前提。

人们对真高冷者无可奈何，但有一万种方法把伪高冷者打回原形。如果没有高冷的实力，却给自己戴一副高冷的面具，那就不是酷的问题，而是愚蠢。西施捧心是病态美，东施捧心就只剩了病态。

曾有人求我办事，有趣的是对方还摆出了一副高冷姿态，我当场以同样高冷的方式拒绝拉黑。有人说，你看，情商低到底有多可怕。我说这跟情商有什么关系呢，求别人还高高在上，这叫脑残。

若是角色互换，对方再高冷一万倍我也能接受，求人办事看人脸色，对方毕竟没有义务帮你，食得咸鱼抵得渴，受委屈并没有什么。相比情商低，我更不能忍受的是智商低。

真高冷和伪高冷的另一个区别在于高冷对象的选择。真高冷者的世界里只有在乎和不在乎，士为知己者死，旁人都是空气。伪高冷者的世界里只有脑袋和屁股，对上屈膝对下高冷，对谁也不会真的推心置腹。

什么叫成功？我理解的成功就是可以有权利高冷，不必屈从权贵，也不为道德所绑架，有兼济天下的能力，也有独善其身的权利，万事不求人，也不会给别人添麻烦。

伪高冷人人厌恶，真高冷也不见得多受欢迎。但是我宁愿被一个高冷的人鄙视，也不愿接受一个虚伪的人逢迎。一个人浮于事的团队永远不缺会端茶倒水的角色，却往往把能够力挽狂澜的人淹没。比起那些人见人爱、交友遍天下的“五好青年”，我更愿和高冷的人做朋友。

高冷的人不是没朋友，他们只是有更为严苛的择友标准。越高冷的人，越珍视自己的友情，不会把时间浪费在和不喜欢的人虚与委蛇上。所以俞伯牙选择了钟子期，阮籍把青眼留给了嵇康，苗人凤瞧不起田归农，却和对手胡一刀一见如故。高冷，说白了就是他们隔绝外部环境的一副毒气面罩。人生苦短，精力有限，我们既非上帝，也不是圣母，实在无须在无聊无谓的人身上浪费时间。

与其天天苦口婆心教育他人会说话办事有多重要，判断别人有没有未来，还不如把工夫用在提升自己上，多找几个牛×的人做朋友吧，哪怕他们很高冷。

别总抱着童年的伤不放

我有个女咨询者，圣母心泛滥，深深爱上了一个穷渣男，就像法拉奇之于阿莱克斯。

女孩家境良好，恋爱前也算是个白富美。男人则拥有一个标配的悲惨童年：出生在地图上都找不到的落后小镇，父亲早逝，母亲改嫁，家里穷得叮当响，小时候没吃过一顿饱饭，据说 10 岁以前连卫生纸都没用过。

就像所有的悲情小说一样，女孩不顾家人反对跟这个男人在一起，挤在不足 10 平方米的出租间，每天给男人洗衣做饭。男人一年换了10个工作，梦想是当一个作家，整日活在怀才不遇的愤懑中，喝点酒就对女孩非打即骂。

男人的口头禅是“你给我滚”，女孩每次都乖乖地滚，但是滚不远，男人一个电话，她还会滚回来。几天前，女孩发现自己怀孕了，问男人怎么办，男人冷冷地抛下一句话：你爱生就生，爱打就打，反正我没有钱。

按照女孩的说法，她爱上了男人的才华。我看了一下男人的博客，文采是有一些的，但是处处宣泄着对这个世界的愤怒，戾气重得隔着屏幕都仿佛要杀过来，觉得全世界的人都虚伪、自私、恶心透顶，自己的人生不幸，全因世态炎凉，上帝造世不公，恨不得把所有瞧不起自己的人一个一个拉出来手撕活剥。这些文字让我不禁想起了前不久中国传媒大学杀人案的主角李斯达，深深觉得这手要是不分，姑娘生命安全都成问题。

我说姑娘，这是一道送分题啊。这样的男人不分，难道留着过年吗？

于是她又解释了一遍男人悲惨的童年，造成现在这个性格并不是他的错，他小时候真的太可怜了……她说，男人第一次给他讲自己故事的时候，她哭得一塌糊涂，暗暗发誓一定要给他所有的爱。

我终于明白了为什么这么多人爱痛陈革命家史，真人秀动辄就沦为比惨大赛，原来真是一件屡试不爽的大杀器，一旦祭出就兵不血刃。你说一个人残忍，他就列出小时候如何家破人亡，被全村人迫害，所以宁可我负人人，不可人人负我。你说一个人贪婪，他就列出自己童年如何受冻挨饿，衣不蔽体，所以只有物质才能给自己带来安全感。你说一个人滥情，他就列出自己受过多少感情伤害，然后才累觉不爱。

“你没有经历过，你根本不能明白……”男人是这么跟女孩说的，女孩是这么跟我说的。

一段原本应该深藏在心不足为外人道的悲惨经历，倒成了一具防身护体的软猬甲，神挡杀神、佛挡杀佛，自己蹲在里面金刚不坏，把别人扎得遍体鳞伤。

“他已经被全世界抛弃了，我不忍心抛弃他。”好像一旦离开了这个男人，自己就十恶不赦。

我说，你要记住一件事，那就是你从来都不欠他的，他的身世再凄惨，也跟你无关，最多恨恨自己的原生家庭，轮不到你来埋单。

一个人可以选择在逆境中涅槃，也可以在绝望中沉沦，但是偏偏不能将其作为仇恨他人、报复世界的一把武器。

这个说法听上去好像很残忍，却是对自己和他人的真正包容。你穷，你惨，你命途多舛，你可以埋怨上天不公，但是丛林法则从来就不是公平，而是适者生存。童年的确是一个人心理发展的重要阶段，深深影响一个人价值观的形成。一个人童年幸福，成年后往往待人更温和宽容，而拥有不幸童年的人，更容易心理阴暗，痛恨这个世界。但是你若抱着自己悲催的故事不放手，就等于放弃了自愈能力，时不时把伤口撕开来展示给人看一遍，直到彻底溃烂。

谁的童年完美无缺？挖地三尺，都能找出点遗憾。就连王思聪都能抱怨父亲忙事业忽视了对自己的陪伴。回忆是可以重构的，关键是你选择截取哪部分片段。你记起的是一个快乐的童年，不开心的事情自然就被忽略了。你想拾取一段痛苦的回忆，揉进的就全是悲痛。

有个朋友曾声泪俱下地给我讲一个他童年的不幸故事，我听着耳熟，后来恍然大悟，那是某部经典悲剧电影里的片段。但他讲述得如此诚恳，细节又如此逼真，相信绝不是为了撒谎博人眼球，而是已经接受了一段深刻的心理暗示，就像《盗梦空间》里的主人公，将一段记忆植入了自己的内心。

一个成年人过度强调自己的童年阴影，原因往往只有一个，那就是可以不用为自己现在的人生失败负责。

因为对他人悲惨经历的不屑，我常常被批冷漠，还有人跟我说，那是因为你没有一个那样的经历。我很好奇这样的论断从何而来。作为一个没含着金钥匙，没喝着神仙水，在普通人家长大的孩子，我的童年一样有阴影、有挫折。因为不能忍受父亲对我的过分严苛，9 岁的我一度认为死是一件再快乐不过的事情。

但是时过境迁回头看，我感谢童年的我并没有做一个愚蠢的选择，也感谢父亲的严苛让我变得独立坚强。如果彼时的我因为恨离开了这个世界，此时的我就再也无法感受到爱。所谓成长，就是能放下过去，不嗔，不恨，把一切都看淡，和曾经的那个自己坐下来，心平气和地来一场对话。

我告诉那个姑娘，如果有一天你离开他，也请不要拿这段经历当作不相信爱情的借口，去伤害另一个爱你的人。

北京的雾霾这么重，一场风也吹散了。所有你想放下的，最终都会放下。

拒绝从众的“不合群”者

生而为人，人际关系无可避免，所以痛苦也就相伴而生。

前几天收到一封青年读者的来信，表达了自己无法融入群体的烦恼。她说自己不想仅仅为了讨人喜欢就说违心话，可是每次说出真实想法，总要被认为清高不合群。很多时候，明明是指鹿为马的事情，大家都能欣然接受，只有自己做不到。

“我妈妈总是跟我说：一个人不喜欢你，那可能是他的问题，要是很多人都不喜欢你，那你就要从自己身上寻找问题。所以这是我的错吗？你说，我做人是不是很失败？”

她的信挺长，列举了几个例子，我读完后，没有觉得她做错了什么，却料定她一定是一个在生活中不受欢迎的人。

我想起了几年前，我也曾被同样的问题困惑过。老板在办公室讲了一个足足有零下30摄氏度这么冷的笑话，同事们一边讨好地哈哈大笑，一边用余光悄悄对视，用口型交流两个字：傻×。我是唯一不笑的那个人，他有点不满地望向我，于是我挤出两个字：呵呵。

是的，我也常常并不讨人喜欢，但是比这位青年读者庆幸的是，我想明白了一件事，那就是一个人为什么一定要通过牺牲自己的思想来讨人喜欢？

我告诉那位读者，你并没有做错，错的是这个社会，你只不过是拒绝做一名从众者。可是人人都告诉你：你无法改变别人，你更无法改变社会，你只有改变自己，去适应这个社会。

这个强盗一样的逻辑有些像那个伦理学上知名的电车难题：一个疯子把 5 个无辜的人绑在电车轨道上。一辆失控的电车朝他们驶来，我们可以拉一个拉杆，让电车开到另一个轨道上。然而问题在于，那个疯子在另一个电车轨道上也绑了一个人。

大部分人都会选择拉那个杆，而另一个铁轨上的那个人就是你。你要被无条件地牺牲，原因仅仅是你没有站到大多数人的队伍中去。

从小就被父母灌输如何听老师话、听领导话、跟同学搞好关系，以为这是国人特有的中庸之道，后来才发现，这是人类的本能。

心理学中有一项经典的实验：几组学生围绕一个社会事件展开讨论，每个组有 9 人组成，其中 6 人是真正的被试者，3 人是实验雇来的帮手，他们分别扮演仿效者、偏离者（与小组立场针锋相对）和立场改变者（开始是偏离者，后来转向仿效者）。实践表明，人们最喜欢的永远是与小组标准一致的仿效者，最不喜欢的总是偏离者。

同样的实验，再过几百年做结果也是一样。无论时代怎么变，从众者都是社会的主流。他们是最普通的一群人，最受欢迎的一群人，也是最可怕的一群人。他们附和权威，他们成群结队，他们四平八稳，他们永不犯错。平日里，他们是好好先生，灾难来临时，他们是乌合之众。

有圣人引领时，他们也是圣人。当魔鬼带路时，他们皆是魔鬼。

社会越开明，越能包容偏离者。反之，则根本不允许偏离，于是“二战”有了1200万纳粹。无论是畏惧权威的依从，还是发自内心的认同，跟着主流的社会价值走，是最不会出岔子的选择。毕竟，尽量融入集体中，才是对自己最大的保护，实现利益的最大化和损失的最小化，所以从众者从不需要去思考这个主流是不是真的正确。

庆幸的是，每个时代都有偏离者，不幸的是，他们的日子从来都不好过。也许他们在若干年后被写进了教科书，成为被崇拜的偶像，可是在当世却永远得不到尊重。

范仲淹就是宋代的偏离者，他最打动我的一句话不是那句人人皆知的“先天下之忧而忧，后天下之乐而乐”，而是“宁鸣而死，不默而生”。可是他一生三次被贬，朝廷的士大夫们没有一个人敢去送别，连他的恩师晏殊都对他不满。

这就是为什么大部分人愿意成为一名从众者，适者生存，是本能。可是偏离者并不需要自责，生而特立独行，从来都不是错。不必勉强自己去随波逐流，这个世界，最终还是要由不肯从众的人去改写。

这些年，我见过太多有棱角的人，渐渐被岁月磨得温润、温顺。也许有一天，你我也会变成被时代改良得不那么彻底的从众者，对着他人荒谬百出的言论随口应和，并将其归为有教养。太平盛世，毕竟不需要太多烈士。只是希望这一天，来得可以晚一些。

PS：部分论据援引心理学家E.阿伦森的《社会性动物》。

收起那些无用的仪式感

平安夜的微信再一次被各种祝福轰炸了，有个朋友怒气冲冲地打电话质问我：为什么不回我微信？我说我没有看到啊，然后翻了一下手机，一条条看下去，她 15 分钟前发来的问题已经被各种祝福压到了最底下。

因为有这些所谓“朋友”的存在，我不会错过每一个节日，甚至 24 节气。除了清明节，每逢过节我的微信都要沦陷一次。两天前的冬至，我还收到了将近 100 条叫我记得吃饺子的“温馨提醒”。不愧是礼仪之邦，从当年的寄贺卡到短信拜年，再到如今的微信群发，国人对节日祝福的热情倒真是从未消退过。

有人说，祝福还是要有的，否则怎么还有过节的感觉，这个叫仪式感。

当然，这是比较低阶的仪式感，高阶的仪式感还是要付出金钱和时间的，比如平安夜一定要吃到比平时贵上N倍的苹果，一定要收到鲜花和不低于4位数的礼物……

不知道为什么，“仪式感”突然间成了热词。何止是热词，简直是包治百病，比“多喝水”还有疗效：你无趣因为你缺少了仪式感，你无爱因为你缺少了仪式感，你不幸福因为你缺少了仪式感，甚至你便秘都是因为缺少了仪式感……

好吧，作为一个性格鬼马的水瓶座，我生平最讨厌的就是各种仪式感。明明是繁文缛节换了一个好听的说法，怎么就摇身一变成了文青最爱？

魏晋是最没有仪式感的年代，五石散嗑多了，连自己老妈都不认得。至于聊着聊着就从衣服里掏出只虱子，那是文人雅事。阮籍敢在自己老妈的葬礼上吃肉。刘伶更甚，常年在家光屁股，有人看了不爽，直接被撅回去：我以天为衣，以房子为裤，我倒要问你为什么跑到我的裤子里来呢？

正是这样一个不拘于礼法、不泥于形迹的时代，推进了自由意识的觉醒，奠定了中国文人的基本人格精神。当然阮籍的狂士之风也不是人人都学得来，清谈之风到了后期渐渐流于浮夸和仪式感，为扯淡而扯淡，也就走向了偏激。

一个原本就无趣的人，被一套按部就班的仪式束缚，只会更加无趣，就像契诃夫笔下的“装在套子里的人”。

比如有一年我去听歌剧，有个男士开头还正襟危坐，一副专业人士的样子，听了大概二十几分钟，眼皮就渐渐合上了，坐一旁的女伴神色要多难看有多难看。别说，他当时还真是像模像样地穿着一套小礼服。我猜，这小礼服多半也是应女伴的要求穿的。其实挺同情这个男人，歌剧对于不喜欢的人来说，并不比锯木头的声音好听多少。礼服尺码再合体，领结打得再工整，都无益于提高一个人的音乐造诣。

婚丧嫁娶算是国人仪式感的登峰造极，白事如今渐渐不流行，红事却始终是国民经济的重要支柱。我曾经长期给国内最顶尖的婚礼杂志撰稿，采访明星和顶级婚礼策划人，告诉新人们梦幻般的婚礼是怎样的。其实有点心虚地说，结婚几年，我自己并没有办过婚礼。答案很简单：因为我对婚礼一点都不感冒。

结婚，本来是两个人之间的事，结果演变成一场演给全世界的人看的春节联欢晚会，服装、场地、道具甚至司仪都要提前几个月甚至一年预订。我一朋友为了在婚礼上呈现完美身材，喝了足足三个月果汁。按照她的说法，每次看到朋友圈有人晒美食都想去舔屏，我听着都心疼。

有人写文说，当你身着婚纱交换戒指许下诺言的那一刻，会觉得之前所有的辛苦付出都是值得的。但是我想说，情侣因为婚礼意见不一致而闹翻的比比皆是，比例大概仅次于旅行和装修，可能还没来得及走到婚礼上感动自己这一步，就已经分道扬镳了。

我的那个喝果汁的朋友，虽说最后完成了所谓的盛大婚礼，但是老公被折腾得苦不堪言。为了圆对方一个公主梦，花光了几乎所有积蓄。两个人的婚姻维持了两年，前一阵在闹离婚，婚礼神圣的仪式感并没有为他们的幸福加分。

若是夫妇二人都希望有一个完美婚礼，并能一起为之付出时间精力，当然是一件幸福的事情；如果仅仅是一方的一厢情愿，将一套仪式感强加于另一方，最后只会徒增嫌隙。

不止婚礼，所有的仪式都一样。锦上添花还可以，为生活加点情趣，但是过犹不及，过分强调仪式感往往会变成生活的负担。

我认识个特别热衷过各种节日的女孩，光生日就要过好几个，个个都要男友送礼物，还强调一定得走心，结果没一个恋爱能谈得长久。姑娘委屈地说，我的要求并不高啊，只是希望有个人能在乎我。我说符合你要求的男朋友，不但要有钱，还得有闲，才能一年憋着劲想出三十多个不重样还能让你满意的礼物。这样的感情哪里是走心，分明是走肾。

更重要的是，别指望靠仪式感雪中送炭。

你无趣，是因为你知识少、阅历窄、性格不够乐观开朗，跟仪式感并没有关系。至于你的爱情不长久，不爱就是不爱了，对方心里没你的位置，你就是连你们第一次一起吃沙县小吃的日子都记住也没有用，这真不关仪式感什么事儿。古人云“沐浴焚香，抚琴赏菊”，前提是你得会弹琴啊，不然澡洗得再干净有什么用，最多去做个 SPA。

倒是扔掉一些无用的仪式感轻装上路，人生会愉快得多。我和先生恋爱 10 年，之前最愁的就是各种节日、纪念日如何送礼物，后来达成共识谁也不送谁礼物，真是浑身轻松，兴之所至就一起去吃顿大餐，有没有烛光一样开心。

你不幸福，不是缺少仪式感，恰恰是你太在乎生活中那些无关紧要的仪式感，以心为形役。你总是活在别人的世界里，时刻在意自己着装是不是得体，用语是不是严谨，妆容是不是完美，姿态是不是优雅，礼数是不是周全。明明没有影帝的演技，却要给全世界呈现一出大戏，太累了。

《绝望主妇》里的完美主妇Bree简直就是仪式感的代言人，连丈夫犯病都要叠好被子才能出门，一切家务都打理得井井有条，却是几个主角中最绝望的一个：老公要跟自己离婚，儿子女儿讨厌自己，最后崩溃到要进疗养院。

生活就是生活，形式感的东西只适合偶尔为之，千万别当饭吃。毕业典礼再煽情，毕业后常联系的同学也没几个；婚礼再隆重，接下来的日子也是要细水长流慢慢过。

跟一个仪式感强烈的人生活在一起，每一步都知道下面该怎么走了，不得不被对方拘束在套路中，才是真真正正的无趣。

Chapter 4

爱情的真相不是你和谁在一起，而是你是谁

嫌贫爱富不是可耻，是不明智。

适当放宽点要求，不是在给别人机会，而是在给你自己机会。

对于宁死都不会降低要求的女孩，

我觉得与其把时间浪费在找男人身上，还不如把精力用在拼事业上。

把自己变成豪门，也就不必在乎对方是不是豪门了。

那么多你侬我侬的爱情，最终都败给了一场说走就走的旅行

未婚妻如何变成前女友？劈腿？家暴？炒股失败？ NO！ NO！ NO！一场糟糕透顶的旅行就够了。

“人一生中至少要有两次冲动，一场奋不顾身的爱情和一次说走就走的旅行。”说这句话是当代中国文艺青年的《圣经》，一点也不为过。不过如果你试着把两次冲动合二为一，一路上的种种窝火足以让你从荷尔蒙分泌旺盛的青春少艾迅速化身虔诚的佛教徒，从此看透百态，累觉不爱。

我有一个朋友，几个月前刚刚结束漫长的空窗期，交到一个看上去样样满意的绝版好女友，每每和大家介绍女朋友时，一张老气横秋的脸上总是洋溢着浓得化不开的甜蜜，羡煞周围一群单身狗。

前段时间，他兴冲冲地和大家说要去度蜜月，我说你不还没结婚吗？他一脸鄙夷：“老土了吧，婚前的才叫蜜月，结了婚那叫家庭旅游。”载着大家满满的祝福和一长串代购清单，他和女朋友手牵手踏上了通往大洋彼岸的飞机。

半个月后如约而归，朋友带着两个大箱子一脸沮丧地和我们交货，那个曾经在他嘴里娇俏可人、甜蜜温柔的女朋友变成了刁蛮任性、一无是处的前女友。阿朱变阿紫，连一代大侠乔峰都接受不了，别说是我这六根未净的朋友了。出门一趟，连媳妇都搞丢了，说好的要做彼此的天使呢？

据说，梁咏琪和郑伊健的7年爱情也终结于一场旅行，这个故事还被林夕编进了歌里，就是陈奕迅的那首《富士山下》。

说到富士山，就不得不提到日本。日语里有一个专门的词叫“成田分手”，很多新婚夫妇蜜月旅行回来在成田机场就直接分手了。旅行哪里是爱情的增温剂，弄不好就成了断舍离。

说起来，旅行闹翻这事儿也不算是情侣专利，西天取经路上要不是有紧箍咒，唐僧的小命都得被孙悟空撕没了。《花儿与少年》热播的一大收视法宝就是变着法儿地展示几个成员之间的冲突。人家还是专业演戏的呢，不也搞得最后在摄像机前装不下去了，连粉丝们的情绪都连带着被撕裂，骂完宁静骂许晴，骂完许晴骂郑爽。

不过话又说回来，如果成员们一派和谐，上演的全是一幕幕“孔融让梨”，那观众们还看个什么劲儿呢？真实生活中我们和陌生人或者朋友一起旅行，彼此间的不爽也许比“花少”们只多不少，只是大部分时候怕得罪人，有些话宁愿憋在肚子里。倒是面对自己的亲密爱人，不用藏着掖着，战火反而一触即发。这就是为什么那么多你侬我侬的爱情，最终都败给了一场说走就走的旅行。

这里说的旅行，基本不包括上车睡觉、下车拍照，整个人基本处于无脑状态的跟团游，或者怀柔、密云一日游这样的短途春游。若是这样的旅游都能闹翻，那也只能将油炸绿番茄之前推送的一篇文章送给你们——《不是对的人，离婚要趁早》。

容易闹翻的旅行一般具有如下特点：路途远，最近也要是自驾青藏线这样的级别；时间久，少则也要七八天；经验少，之前没来过，不能够轻松应对复杂事件，特别是到了一个陌生的语言环境，基本处于叫天天不应的状态。

路远迢迢，相处日长，那些相看两不厌的小美好全被舟车劳顿消解掉了，剩下的全是彼此那点儿丑恶面。特别是对于刚刚确立恋爱关系、连同居都还没来得及的情侣来说，旅行简直就是一面照妖镜。你以为女神的她卸了妆就是路人甲，你以为男神的他睡觉放屁磨牙打呼噜，还有那些装出来的好脾气，可能遇到一次糟糕的酒店服务就全穿帮了。如果你是戴着面具和你的恋人相处，在彼此坦诚相见之前，千万别尝试一起旅行。

不过即使另一半的缺点你统统都能接受，也并不意味着这场旅行一定功德圆满。每一次旅行都是一场关于控制权的争夺战：我想制订购物清单，我想主导旅途行程，我想掌控停留时间……再心有灵犀的情侣也不可能做到神同步，若在熟悉的环境里，一切好商量，偏偏旅行中又充满着无数未知的变数，一旦两个人不能达成一致，一方就必须做出让步。

当自己的控制权没有得到满足，而对方的要求又超出自己心理阈值的时候，委屈、不满、埋怨等一系列情绪开始呈递增趋势发酵，一场突如其来的战争就必然不可避免了，而那些“绝对阈值”极小，俗称“玻璃心”的人战火则更加猛烈。

如何合理分配并“适度”满足彼此的控制权，这个度取决于你对对方心理阈值的了解程度，不要过度满足超过上限，那样对方只会变本加厉；也不要过于苛刻碰触下限，否则只会让翻脸的速度快过翻书。这种微妙就像是菜谱中的“适量”一词，口味的把握得按人而定，才能做到咸淡相宜。

找一个旅伴的难度远超过找个伴侣，偶尔的小争吵也无伤大雅，一切在安全范围之内的小撕都可以看作是旅行中的小插曲，不过要是插曲变成了主旋律，那就神仙难救了。

几条小建议：

1. 如前所述，刚刚确立恋爱关系的情侣不要上来就挑战高难度，先试试为期三两天的短途旅行，再慢慢尝试远一点的长途。上来就是一场旷日持久的自驾游，那回来基本你们就可以祭奠死去的爱情了。

2. 你对旅行攻略参与程度的多少直接决定了你在旅行中地位的高低。若能和另一半一起做好攻略当然最佳，否则就闭起你的嘴巴，哪怕对方攻略做得很渣，也要学会包容，毕竟这是你懒惰的代价。

3. 避开容易产生冲突的“敏感地带”，比如不喜欢男友看美女，却非要去海滩度假；害怕女友爆表的购物能力，却偏偏不知死活选择个巴黎时尚之旅，那就是自讨苦吃。别说“我是在考验你呢”，一般人还真禁不住这考验。

4. 学会装聋作哑，秋后算账好过当街闹翻。

最后说一句：爱 TA，就和 TA 一起旅行吧！

你是曲终人散时不肯离场的那一个

人生好比乘车，

有的早上早下，

有的迟上迟下，

有的早上迟下，

有的迟上早下。

上了车纷争座位，

下了车各自回家。

在车厢中留心保管你的车票，

下车时把车票原物还他。

天下无不散之筵席，可是总有不肯离去的那个人。

大约 10 年前，我还是个高中生，参加了央视的一档中学生智力竞赛节目，认识了一群年龄相仿的朋友，其中就有 S。

S 是个超级热情的女生，而且有无尽的聊天欲，一张嘴就像开了一挺机关枪，全然不顾你的脸色，可以自顾自说上一整天。

对其他人来说，比赛的确意义非常，会集了全国各地的优秀中学生，也有点英雄惜英雄的意思。但毕竟只是个比赛，录完影各自回家，偶尔联系一下，问问彼此的近况，也算是一段美好的青春回忆。

但是对 S 而言，这场比赛几乎成了她生命的全部。她常年泡在节目组论坛，建立了一份详细得近乎可怕的历届选手通信录，时不时给你打将近 1 小时的电话，话题几乎全部围绕参加过比赛的某个选手。就连大学毕业那年我们忙于出国、考研、找工作，她仍把全部精力放在组织曾经的选手们来一场聚会。

不是说这样有什么不好，而是沉浸其中让她错过了太多沿途的美好风景。她曾经向我感慨：大学4年就这么匆匆过去了，学业一般，和同学们感情冷淡。她的世界只有这场比赛，可是这场比赛早在几年前就已经结束了。

这个世界有太多人不愿醒来，你永远也叫不醒一个装睡的人。

前几天有个女孩跑来问我：男友已经不爱我了，我现在每天都陷入无边无际的疼痛，该如何抽离？

我告诉她，这个世界上没有断不了的爱，只有不想转身的人。她想了想，缓缓把头低下，说：对，我还爱他，原来压根就不想抽离。

无法抽离的结果，大概就像我的一个朋友A。5年前她被分手，哭过，想过，也骂过。前男友早就结婚生子，她却仍旧孑然一身，时不时就去网上翻查他所有的社交记录，迫不及待要在第一时间知道他的所有动态。每当有人给她介绍男朋友，总会不由自主地和前男友做一番比较。

心的容积是有限的，装了太多过去，就容不下未来。

爱情停停走走，朋友去去留留，不是所有人都能从起点陪你到终点，那些爱过你或是伤害过你的人，早就已经中途下车了，可是你却不愿承认曲终人散。或许是回忆太美，或许是现实太累，总之要给自己画地为牢，圈在过去里。

每一个不肯离场的人，心里或多或少都住着一个彼得潘，为了一个人、一个故事、一段时光，甚至刹那燃放的烟花，宁愿驻足，拒绝成长。

曾有一位催眠师去学校做演讲，请了一个女孩上前接受测试，女孩迅速进入催眠状态，任谁也叫不醒，直到所有人都离场，催眠师轻轻在她的耳畔说：大家都走了，你可以醒了。女孩瞬间睁开了双眼。

所以当你见到一个不肯离场的人，不要担心，也无须劝慰，请帮他盖上被子，告诉别人：嘘，他还在睡觉，不要打扰。然后默默走开。

他们终有一天会醒来，如果他们愿意。

你不是太恋旧，你只是不快乐

近期上映的电影里，争议最大的莫过《港囧》。怀旧金曲大放送和装疯卖傻的囧途外衣下包裹的，不过是一个中年男人的青春遗憾。继承了一份不爱的倒插门产业，心心念念的全是当年没有吻成的文艺女初恋。

一场包裹在囧途外衣下的中年尴尬。

“也许每一个男子全都有过这样的两个女人，至少两个。娶了红玫瑰，久而久之，红的变成了墙上的一抹蚊子血，白的还是‘床前明月光’；娶了白玫瑰，白的便是衣服上沾的一粒饭，红的却是心口上的一颗朱砂痣。”

谢霆锋和王菲、张柏芝的那点三角情事时不时就要霸占一回娱乐头条，如果说港囧是影视版的《红玫瑰与白玫瑰》，谢霆锋则演绎了地地道道的现实版。他的大半生就辗转在这两个人之间，浓烈如张柏芝，淡定如王菲，他和哪一个都曾爱得轰轰烈烈。

也许是留恋那一道床前明月光，兜兜转转，他又一次回到了王菲身边。可是无论你是不是又相信了爱情，我都不相信这是故事最终的结局，那些曾有的伤害与背叛，也并不会随着时间流逝烟消云散。

三个人的世界太拥挤，红玫瑰和白玫瑰，是世界上最大的二选一难题。

前几天，A 女士找我咨询，结婚十几年，却一直放不下初恋，婚姻如今已经走到了解体的边缘。

细细聊开，才发现 A 女士的情史简单得几乎像一张白纸。高中时与初恋因为一些不愉快的经历还没开始就草草结束了，大学时遇到了现在的先生。结婚十几年，日子渐渐变得不咸不淡，于是初恋开始走入她的梦中，成为横亘在她和先生之间的一堵拆不掉的围墙。

这个初恋，就是A的“红玫瑰”，他变成了她胸口抹不去的朱砂痣。

她总在无数次追问，如果当年选择了他，结局会不会不一样？即使不幸福，至少也没有了遗憾。可是红玫瑰与白玫瑰的故事就是人生的A面和B面，选择哪一面，都注定了有遗憾。

那些失之交臂的，最后就都成了永恒。在A的眼中，初恋已经变成了自己的精神寄托，她把身体给了现实，心留给了虚幻的回忆。

这些年，他们并没有多少联系，她不知道远在他乡的他从事什么工作，家庭是否幸福，人生是否得意。她始终克制着自己，不去和现实中的他发生任何可能的联系。

如果有一天，她重遇他，一个发福的中年男人，也许已经谢顶，散发出和所有中年男人一样的世俗的、与平庸生活握手言和的气场，什么都不会发生。可是那又有什么关系呢？她爱的早已不是一个具体的、活生生的人，而是一份活在记忆深处、永远得不到的爱情。

《倚天屠龙记》里，12岁的少女殷离深深爱着14岁的凶悍少年张无忌。片刻倾心，一生相许，走遍天涯海角也要找到他。可是后来她真的见到他，却“不识张郎是张郎”，眼前这个俊朗温柔的男人只不过是好心的大哥“阿牛”，而不是那个让她魂牵梦绕的爱人。

得不到的永远在骚动，被偏爱的都有恃无恐。

A说，先生的不够体贴、对她的不够理解都曾让她深深为之苦恼。殷离之所以念念不忘张无忌，大概也是因为命运太过悲苦，童年丧母，被亲生父亲赶出家门，如花似玉的年龄里又练功毁容，误打误撞闯入她世界里的张无忌，成为她生命中唯一一抹亮色。

所有对回忆的眷恋，大多源于对现实的不满。那些我们爱过的人和感动过的事，都需要留一个专属的角落来盛放。你若幸福，回忆就在尘埃里。你若不幸，它们便如珠如宝，时不时就要拿出来，拂净灰尘，细细抚摩。

回忆是世界上最好的麻醉剂，选了红玫瑰，你怀念曾经的那一抹白月光；选了白玫瑰，那颗朱砂痣便永远烙印在了你胸口。可是没有一段回忆可以为你现在的幸福负责，你沉醉在错过的美好里，也失去了掌控现实的能力。

最终，你抓得住的，抓不住的，都变成了回忆，一路走过来，关键词都是“错过”。

我告诉A，如果你们有问题，就去解决你们之间的问题，不要逃避，也不要幻想会有一个初恋来解救你，他既不会比你的先生更爱你，也不会比你的先生更了解你。

几天后，A 的先生找到我，他说：其实我从来没怀疑过她和初恋之间会发生什么，我只是不希望她的心对我竖起一道围墙。如今，他愿意努力撕掉夫妻中间的那层隔膜。

最后一次知道他们的故事，是他和孩子一起为她唱生日歌。

比起之前见到的太多背叛、谎言、欺骗与伤害，这实在是一个美好的故事，两个在朝夕相对中失去了爱的能力的人，重新学会爱。

是玫瑰总有刺，无论你选了哪一朵，都有被扎到的时刻，只有怀着一颗欣赏和包容之心，感受到的才会是美与芬芳。

你砸瞎了我的一只眼，我却关心你有没有吃早餐

D先生是我在“在行”遇到的一位咨询者，戴一副眼镜，文质彬彬，只是面容憔悴，讲起话来力不从心。

他要讲的是他和前女友的故事。他们在网上认识，擦出了火花，于是确定恋爱关系，同居在一起。女友还在读书，任性、野蛮、不漂亮，却是他交往过的女友中最爱的一个。

同居不到两个月，她的野蛮就从语言上升到了拳脚。一言不合非打即骂，生气时不是砸东西，就是狠抽他耳光。最后一次闹分手，女友拿过一只茶杯，狠狠砸在了他的眼睛上。

D 先生说，如今他的左眼几近失明，右眼球也在逐渐萎缩。可这不是最糟糕的，最糟糕的是他依然忘不了她。

他去她的学校找她，才知道她早已和别的男生走在了一起。为了证明对女朋友的爱，D 先生做了自以为感天动地的事情：他当着她的面，撕毁了一切关于眼伤的诊断报告。女朋友冷冷地看着他，因为不放心，她叫来了 6 个同学作陪。看着他撕掉了唯一有可能影响自己前途的证据后，她扬长而去。

这让我想起了《伤心咖啡馆之歌》，英俊的坏小子马文·马西不知道为什么对像男人一样的怪小姐爱密利亚着了魔，为了让对方接纳自己，他甚至把自己的全部财产转移给了这位所谓的妻子。然而这一切没有换来对方一个笑脸，她待他还不如店里的一个顾客。在他一次酒醉后，她打碎了他的一颗门牙，然后毫不留情地把他赶出了家门。

无厘头的爱情并不只是出现在小说和电影里，它们真的来源于生活。

曾经见过一个姑娘，20 岁出头，为男友做了十几次人流，如今子宫壁薄得就像一张纸。她日日夜夜关心的不是自己日渐虚弱的身体，而是这个她用尽全力去讨好的男人会不会有一天离她而去。

即使坚强如传奇女记者法拉奇，也没能逃过这样的一段爱情。一次采访，让她认识了堂吉诃德式的希腊抵抗运动英雄阿莱科斯，于是她心甘情愿做他的桑丘。

他是大名鼎鼎的反政府左派领袖，是诗人，是英雄，也是无赖、恶棍、人渣。他把她当作性伴侣、提款机和泄愤工具，毫不珍惜她的所有付出，在得知她怀孕后，他冷冷地要求与她平摊打胎的费用。这个女人一生都致力于反抗暴力和独裁，自己却始终走不出这个小个子男人加之于她的牢笼。

一方始终在奉献，一方则毫不留情地将对方踩在脚下狠狠践踏，就像法斯宾德的电影《爱比死更冷》，而这样无望的爱情，也真的比死亡更冰冷、更残酷。

王八也许看不上绿豆，但是人渣天然就能吸引白莲花。你觉得征服高不可攀、云深莫测的珠穆朗玛峰远比爬上家门口的小山丘更有成就感，可是你没有看到，古往今来的攀登者有几人生还。

究竟，你有多爱？也许有那么一天时过境迁再回首，竟是不甘心更多一点点。不甘心付出得不到回报，就不断加大自己的筹码，直到赌上自己的一生。在这段漫长无望的爱情中，你总要靠一点精神慰藉才能支撑下去，于是你得了选择性失忆症：

“他不喝酒时，对我特别好……”

“她没劈腿前，还是很爱我的……”

“为了求我复合，他在我们家门口跪了三天三夜……”

……

好像在这些“好”面前，所有的伤害都变得微不足道。他是鸦片，是K粉，是冰毒，分分钟都在啃噬你的灵魂，可是你戒不了，也离不开。也许多少次你做足了准备要离开，可是他只轻轻说了一句“我离不开你”，你就拖着遍体鳞伤的身体又回到了他的身边。

渐渐地，你把自己催眠了，你告诉自己，哪有爱情不受伤呢？哪有爱情不需要付出呢？没经过考验又怎么能叫爱情呢？你忘记了一段爱情应该有的模样。

单相思纵然不能走到最后，至少还曾有过美好期待，一段绝望的爱情最后能给你的除了满身伤痕，什么都没有。都说世上无难事，只要肯登攀，可是偏偏爱情不是这么简单。你付出了身体、金钱、青春和全部的灵魂，宁可成为他人口中“犯贱”的典范，最终也不过证明了一件事：

他真的不爱你。

也许你爱得太深，也许你只是不肯认输，但是在一份实力太过悬殊的爱情博弈中，你怎么都没有胜的可能。打从一开始，你就已经把全部底牌都亮给了对方。

聪慧如张爱玲，换来的也不过是胡兰成一次又一次的背叛。真正低到了尘埃里，尘埃没有养分，又怎会开出花来？别让一段绝望的爱耗尽你的一生，人生很长，你值得一个更好的人爱你。

给所有挣扎在无望之爱中的人，愿你们永不再受伤害。

爱情里，心盲无明

不知道是不是天干物燥容易精虫上脑，最近抓小三的事情格外多。昨天刚看到某女在朋友圈自揭老公在自己怀孕期间和有夫之妇搅在一起，怒晒渣男和贱女照片，今天又看到一条“原配球赛上抓打小三”上了微博热门。

悲情也好，闹剧也罢，无非只是增加了旁人茶余饭后的谈资，而这份谈资也不会持续太久。桃色事件天天有，人们很快就投入到对下一对绯闻男女的八卦中，只有当事人一个人留在原地，把自己的伤口一遍遍撕开向这个世界展示。

这些年，小三好像过街老鼠，人人喊打。每每有怒殴小三的视频，总能成功上头条。随便搜一下“暴打小三”这样的关键词，出来的全是一个个被扒光的女人，画面简直惨不忍睹。

原配打得过瘾，旁人看得带劲儿，可是最重要的角色却默默消失在了公众的视线中。没错，就是那个出轨的男人，他只是犯了一个天下男人都会犯的错误而已。

那些恨不能把小三底裤都扒下来晒在大街上的女人，一扭头就轻而易举原谅了自己的丈夫，在家做好饭，热切地等他回来，直到他下一次背叛。是的，一定还有下一次。

《盲探》里小敏说：你负我，我要你鸡犬不宁。这个重度偏执的女孩眼睛里只有爱情，为了爱情她可以一刀刀划开自己的手腕，为了爱情她把自己装箱漂洋过海，可是她最终还是留不住花心的爱人，于是她把饭店变成了一片血海。

心盲无明。

他遮住了你的眼，而你遮住了自己的心，这段注定不幸的婚姻里，那个你咬牙切齿的第三者，不过就是个过客。你以为第三者没了爱情就会回来？结果有了第四者、第五者、第六者……她们层层叠叠地冒出来，就像打地鼠，永远都打不完。

经常有各种教女人识别渣男的帖子，事实上，这些文章最多当作厕所读物看一看，帮不了任何一个误识渣男的女人，因为没有人会承认自己深深爱着的那个人是渣男。

问问内心，他是不是渣男，你会真的不知道？他带着浓浓的香水味回来，告诉你只是参加了一场同学聚会；他接到神秘电话就跑出去，告诉你那只是同事在谈业务；他整晚整晚不归，告诉你那都是在陪客户……

鬼才会信的话，你就信了。你不是真的相信，而是选择去相信，因为从你义无反顾地选择了这个男人的那天开始，就断了自己所有的后路。

曾经认识一个女孩，傻乎乎地爱着一个全天下都知道在劈腿的男人。是的，只有她不知道。她每天都开心地告诉大家，男朋友又送了自己什么礼物。终于有一天，一个朋友忍不住告诉她，其实你男友一直背着你有别的女朋友。女孩起初打死都不信，朋友急了，摆出各种铁证，最后女孩突然崩溃，号啕大哭，她说："他的事我一直都知道，可是你为什么一定要拆穿！"

若能被骗一辈子，还真不算不幸，但是一个铁了心辜负你的男人，怎么会有这份耐心。最后鱼死网破，不是你不再选择相信了，而是他都懒得骗你了。

听过太多女人痛哭失声：为了他，我不惜和家人都断绝了关系。我却只想说两个字：活该。

嫌贫爱富的黑心父母不是没有，但大部分的父母都爱子女胜过爱自己。如果他们仅仅是不喜欢你的另一半，可能是因为他不够聪明、不够有钱，或是仅仅不够好看，配不上你，可是如果他们不惜以断绝关系威胁你结束这一段感情，那么一定是看穿了对方不会给你幸福，只是你不愿意相信。

你以为冲破家庭的重重阻挠和你的真爱在一起勇敢无比，其实真正的勇敢是在受到累累伤害后自己一个人默默舔伤，而不是哭着回到家寻求父母的庇护，更不是拖着你年事已高的母亲跟你一起去打小三。

一个明知道对方有家室还要插足的第三者固然可耻，一个明知道有家室还要在外面拈花惹草的丈夫更加可恨，然而这一切都比不上一个自残双目的女人可悲。

不要再把残存的一点精力放在对小三的无边讨伐中，明知道前方是火坑，你需要关心的真的不是应该戴防毒面具还是裹一层棉被冲进去，而是擦亮自己的双眼，远远地离开伤害源头。

最后说一句：妈妈的话，有时你真的要听。

男人的爱，有时只是锦上添花

打着安徒生童话《白雪皇后》旗号改编的动画大片《冰雪奇缘》其实跟原著一点关系都没有，当男主角拼死拼活地赶回来，想要上演最后一分钟营救这样我们耳熟能详的桥段时，女主角却扑向了自己的姐姐。克斯托夫同学的一张滑稽的脸上瞬间写满了“怎么跟尼玛说好的不一样呢”的惊讶与错愕。

同样错愕的还有电影院的观众们，王子亲吻了公主，他们突破重重苦难最终幸福地生活在一起，是迪士尼动画片万年不破的结局，可是从十三阿哥的逆袭开始，这部歌舞片就已经离夫妻双双把家还的恩爱节奏偏了十万八千里。

小白脸是靠不住的

纵观 80 年来的迪士尼，王子与公主的角色经历了整整 180 度的大反转，胸大无脑的白雪公主消失了，取而代之的是独立踏上漫漫寻姐路的安娜；王子依旧英俊，也仍然骑着漂亮的白马，可是对公主的爱却已不复存在。迪士尼告诉女人们，不要再奢望白马王子用一个深情热烈的吻来拯救你，他们不在关键时候从背后捅上你一刀就不错了。

导演想要通过这样的一个惊天大逆转告诉全天下的女人，男人是靠不住的，尤其是那些一见面就嚷着要跟你结婚的男人。中国有句俗话叫“小白脸没好心眼”，汉斯就是这样一个没有好心眼的小白脸。这个角色像极了金庸笔下的慕容复，爱江山不爱美人，想当国王想到发疯，不远千里跋山涉水跑过来要当人家的便宜女婿不算，还想连老婆一块干掉。

秘密是藏不住的

秘密是藏不住的，十三阿哥心机虽重，却依然还是太早地暴露了。同样没能守住秘密的还有女王艾尔莎，这个原著中串场子的龙套角色在影片中升级成为当之无愧的女二号，导演在她的身上加入了太多想要表达的东西。

造雪技能对于艾尔莎而言，与其说是天赋，不如说是诅咒。十几年来，艾尔莎一直活在爱与恐惧的角力之中，为了保护妹妹，她辛辛苦苦守住秘密，将自己与整个世界隔绝。整个影片中，艾尔莎经历了两次重生，第一次就始于秘密被拆穿，艾尔莎一路奔跑，在 *Let It Go* 的歌声中，重构了自己的世界。这个世界没有爱，也没有秘密。第二次是妹妹的拯救，拥抱中她放下了秘密，也终于放下了封闭多年的自己。应该说，是爱战胜了恐惧。

男人的爱，有时只是锦上添花

其实并不是没有好男人，为爱痴狂的克斯托夫简直就是一个男版灰姑娘。真的勇士就是敢于将一顶绿帽子主动扣在自己头上，跋山涉水送自己的爱人去找她的爱人，来一个坑爹的真爱之吻（为何我会突然想起某品牌巧克力）。话说灰小伙抱着心爱的妹子策鹿狂奔的场景不知道让多少少女看得又心醉又心碎，兜兜转转许多年，似乎真爱在眼前。对于刚刚遭遇一场背叛的安娜来说，克斯托夫的爱无异于玩三国杀被打到濒死时及时出现的那个桃。

但是当汉斯的剑刺向艾尔莎时，安娜连想都没想就扑向了姐姐，说好的那个吻并没有出现，融化她心中冰雪的是姐妹情深。别人的桃并不是什么时候都有用，遇到贾诩的完杀状态，你得自己有酒。

虽然克斯托夫其实很值得托付终身，但奈何人家影片讲述的根本就不是一个英雄救美的故事。这对“草原英雄小姐妹”怎么看都更像是一个女女版的《神雕侠侣》，安娜飞身救艾尔莎的场景，瞬间让人想起活死人墓里杨过死命抱住李莫愁高喊“姑姑，快走”的情节。正是这段情节，引起了整个影评界的意淫。有人为此赋予了深刻的含义，将其引申到女性的自我救赎，洋洋洒洒谈了几千字女权。

救姐姐这个梗很赞，但是谈女权就扯远了。安娜也像所有平凡女子一样，渴望一个让自己心动的男子，至于救人行为更多的也只是出自本能，而不是爆棚的女性意识。即便姐姐才是心中真爱，安娜的最终结局多半仍会是嫁给克斯托夫。导演最多只是给女观众们上了一堂生动的教育课，爱情不是唯一，男人更不是。前一阵不是特别流行一句话吗，在遇见一个疼你的人之前，你必须像一个汉子一样活着。

毕竟一个男人的爱，有时只是锦上添花。

被玩坏的闺密

这些年，有的词是被明着玩坏的，比如小姐、同志、大妈、绿茶……也有的词是被暗着玩坏的，比如闺密。

翻翻网络上的爆款厕所读物，闺密是出镜率最高的一个词：我的闺密是个绿茶婊，闺密抢了我的男友怎么办，被相识 10 年的闺密骗了，被最好的闺密拉黑了……前几天还爆出一则新闻，某女老公一周没回家，女子带人捉奸，结果一路就捉到了闺密的家门口。

《浮城谜事》里，陆洁被闺密桑琪约出来喝茶，“碰巧”就发现了丈夫出轨，殊不知是早已做了小三的闺密精心设的局。怎么听，都有点“请君入瓮”的意思。别说，周兴和来俊臣，当年就是一对政坛好“闺密”。

头几年“闺密”这个词刚刚流行起来的时候，还多用来形容姐妹情深，最近两年大概闺密间恶性事件激增，再提某某和某某是闺密时，怎么听都有点讽刺味道。好像防火防盗防闺密，闺密比小偷还恐怖。

大概是我自己的一点偏见，一直不太喜欢“闺密”这个词，大有裹脚女人的手帕交之感，充满着黏腻的味道。好的时候，穿一条裤子都嫌挤，把底裤都兜给了别人看，保不齐前边有没有一只大瓮等着。一旦翻了脸，被闺密出卖的一抓一大把，倒像是埋了一颗定时炸弹在身边。回忆一下周围的那些蜚短流长，哪一件不是自“闺密”口中传出，否则不相干的人又如何得知你暗恋谁、明恋谁、流过几次产、劈过几次腿？

演员王莹与蓝苹当年也曾闺密情深，后来蓝苹摇身一变成了大名鼎鼎的江青，第一件事就是把她的好姐妹王莹送进监狱，连名字都给剥夺了，剩一个冰冷的代号 6742，最后生生死在了阴暗潮湿的牢房里。

闺密的另一个特点是抱团。朋友的朋友未必是朋友，但闺密的闺密往往也容易成为闺密。子曰“君子矜而不争，群而不党”，闺密团则是典型的“结党”。三五成群的闺密凑在一起，最大的爱好就是非议“党外”人士，而一旦有哪个组内的成员缺席了 Party，其他闺密立马就有了交换信息把她的隐私扒个底朝天的机会。

有人会说，这才不是真正的闺密。按照金星的说法，整天腻歪在一起，一起洗洗澡、按按摩、烫烫头发、喝喝茶，买张机票飞巴黎买包包，这不是闺密，这是“大奶俱乐部”。但是回顾一下闺密在一起的常见状态，还真就类似于大奶俱乐部。

古代女子不出闺阁，几个女子能凑在一起做做女红、聊聊未来夫婿，大概就算得上闺密了，你还指望她们经受什么大风大浪的考验？带一个“闺”字，再浓的情也被圈囿在了闺阁之中。

朋友是可以跨越阶级的，俞伯牙贵为晋国的上大夫，也能和砍柴的钟子期成为至交。闺密就不行了，两个人总要水平相当才能玩到一起，你一个月挣 3000，我一个月挣 30000，逛街都去不了一个商场。你是东施我是西施，凑一起自拍都嫌寒碜。

中学时，那个和你手牵手上厕所的就是闺密；大学时，那个能陪你在寝室里整晚整晚卧谈的就是闺密；踏入社会，能和你一起家长里短的也是闺密。铁打的成长，流水的闺密。20 年后，不要说你还能和中学时的闺密一起逛街，通信录里若还能有对方最新的联系方式，就已经难能可贵了。也有经得起时间考验的闺密，前提不是没有伤害没有背叛，而是两个人始终保持在差不多的水平线。

郝某负面新闻缠身时的闺密是黄某，前者还曾在公开的采访里提到过，自己最黑暗的日子多亏了后者的陪伴。后来黄某跟某渣男纠缠不清，郝某却跑去给骂黄某的微博点赞，虽然事后及时删掉了，但还是引起了轩然大波，被媒体抓住不放。郝某说是自己手滑，鉴于微博客户端的种种非人性化设计，手滑还是极有可能的，郝某也未必是撒谎，只是这闺密估计也做不成了。此时的郝某已经走出了人生低谷，成为文青们喜爱的表演艺术家，跟负面新闻缠身的黄某再凑一起多少有点不搭，于是闺密悄悄变成了编剧廖某。

别慨叹人情冷暖、世态炎凉，不过是彼此拥有的天地变了。闺密是面镜子，是他人眼中的另一个你，脸孔变了，镜子自然要换，恨不得昭告天下我已与此人割袍断义，从此毫无瓜葛，以免被人误会了自己的品位。

俗话说，人生有四铁：一起扛过枪，一起分过赃，一起受过伤，一起卸过妆。偏偏闺密之间，这层妆是万万不能卸的，卸了妆，也就卸了“装”。《老友记》中有一集就生动地再现了闺密“卸装”后的后果：瑞秋的三个昔日闺密突然出现在咖啡馆，表面是重叙姐妹情，实则炫耀各自的阔太生活，暗讽瑞秋已经沦为了咖啡厅的实习生。瑞秋陪着闺密们发出浮夸的欢呼，转头却难掩一脸失落。失掉闺密事小，失掉面子事大。

一个人越成功，越不缺闺密，却也越难找到真朋友。香港名媛薛芷伦，纵情社交场20年，微博认证都是“时尚名媛、Ball场皇后”，1909年患上乳癌，致电平日里的闺密相陪，竟无一人肯动。可是即便如此，闺密之于生而惧怕孤独的女人而言，仍是一种刚需。穷在闹市无人问的时候，宁愿有人上门卖卖安利，哪还管是不是虚情假意。

这世间，亦有闺密能陪你经历生死疾痛，见证宠辱荣衰，只是此时的友情早已走出了闺阁，超越了闺密的范畴，而升华为知己甚至生死之交。

闺密者，闺中之密友也。不必寄予厚望，也无须妖魔化。不是所有的闺密都虚情假意，虎视眈眈置你于死地；也不是所有的闺密都能陪你经历风雨，为你保管所有心底不能见光的秘密。纵然这段情谊有朝一日走到了山穷水尽，至少还可感谢一路走来的陪伴，就够了。

Chapter 5

婚姻里，到底要不要将就

婚姻不是去超市扫码比价，哪家便宜买哪家，

你每次都想拿到最大的那个，到头来却是两手空空。

比起人到30匆匆找一个人结婚，结婚早的人反而更从容，

明明有大把时间和机会，若不是坚信了对方是此生唯一，怎肯轻易托付终身？

婚姻里，到底要不要将就

这两年，朋友圈几乎被鸡汤承包了，而10碗鸡汤里，又有9碗都跟婚恋有关。9个头头是道的教人婚恋观的人里，8个没有结婚，5个自己还是单身。

女生A，眼看奔三，条件一般，朋友圈就最爱分享这一类文章，本来好不容易相到一个还行的，想来想去还是觉得不行，跑来问我：他才是个大专学历啊，你说要不要将就？

我一看朋友圈，刚刚又分享了一篇别随随便便相个亲就把自己嫁出去的文章。我说写这文章的人，自己还着急着呢。她说，你怎么知道？我说，因为她上星期刚让我帮她介绍了对象！

这年头，写影评起码还要看过这部电影，写时尚总要了解一下当季的流行趋势，到了写婚恋的人这儿，连个恋爱都不需要谈了，简直就是信手拈来。大概是婚恋这事儿实在是零门槛，所以谁都能来当情感专家说上一嘴，自己的下半身和下半生都还没搞定，就开始对别人的婚姻择偶评头论足。

正如算命的要是真料事如神，何必辛辛苦苦在街头装瞎子拉客，婚恋专家们要是真对婚姻看得这么透彻，敢不敢先给自己找个好归宿？

有人说：正因为她经历的婚恋挫折比较多，才能把经验教训分享给大家。

乍一听竟无法反驳，可是等等，如果这个逻辑成立，那每年为什么要请高考状元去中学做讲座呢？找几个打架、逃课、沉迷网游、被开除的学生来讲一讲自己是如何没考上大学的，岂不是更有教育意义？

翻遍这些鸡汤，核心价值观总结归纳一下有几类：1. 单身大法好，将就毁一生。2. 结婚太早，后悔到老。3. 相亲是耻辱，对象不靠谱。4. 我爱你跟你无关。5. 女人就是要让男人高攀不起。6. 一时脑梗，欢迎留言补充……

不是说写文章的人一定怀揣着对这个世界深深的恶意，而是人天生就有投射心理，将自己的思想、态度、愿望、情绪、性格等，不自觉地反映于外界事物或者他人。自己没人爱的时候，就情不自禁地想告诉全天下的女孩：这世界上男人没一个好东西，我宁愿骄傲地选择不将就。

写文章的人并不蠢，她们一边充当着女性主义的先锋，接受着粉丝们的打赏、崇拜，一边依旧不放过任何一个认识优秀男性的机会。但是如果你真的把这些鸡汤喝下肚，坚定地相信“你若盛开，蝴蝶自来”，那就是真的蠢了。

我认识的大龄单身女青年，10 个有 9 个“不将就”，真以为自己是皇帝的女儿不愁嫁，每天都痴痴等待天降奇缘，深深被这类鸡汤洗脑。

婚姻到底要不要将就？看你对结婚这件事儿的渴望程度。文艺女青年对冲锋在相亲第一线的恨嫁女们往往嗤之以鼻，字里行间透着不屑一顾：婚姻又不是买卖，别把自己搞得好像没人要（不得不说，其实有些真的就是没人要）。急着往火坑里跳，等着吧，这样的婚姻肯定不幸！

所以必须说一句，单身不可耻，恨嫁同样没什么丢人的，没有途径结识异性，而通过相亲这种方式结合，跟自由恋爱一样值得被尊重。新时代确实把很多女性逼成了雌雄同体，可是性爱、生育繁衍、安全感这些需求还是得回归到婚姻里。再坚强的女人，也有打雷了想有个人抱抱的时候。炮友拔草无情，关键时候还是需要个枕边人。

别太较真要不要将就这件事，完全不需要将就的女人早就结婚了，根本不会在这里纠结。到了岁数还单着，摆明了选择已经很有限，还要给自己设限，那嫁出去的概率基本就和中彩票差不多了。

婚姻里，有几点是坚决不能将就的，比如对方人品不好、道德败坏、有重大身心缺陷，双方在某些原则问题上无法达成共识，或者你已经逼自己谈了足够久却还是不能来电，你确定跟他在一块一点儿也不会快乐。毕竟婚姻是一辈子的事儿，有时候真不能勉强。但是前提是建立在认识足够充分的基础上，现实不是琼瑶奶奶的言情剧，一见面就能天雷勾动地火，第一次没感觉太正常了。我和我先生还是自由恋爱呢，刚认识他那会儿我心里想的是：我肯定不会喜欢上他！

至于其他诸如身高、年龄、学历甚至婚姻状况的条条框框，建议就不要拿放大镜去对照了，起码，也给自己个机会见见面吧。朋友B，30多了，年龄比自己大的不要，离过婚的不考虑。我说连非顶级富豪不嫁的章子怡最后都跟三婚的汪峰结婚生子了，你怎么就觉得见个面委屈自己了？这不是逼着自己孤独终老吗？

那么结婚早到底好不好？说不好的人一定是自己没有被爱过。朋友 C 最难过的就是错过了初恋。我问，当初为什么分手？她说，因为这是初恋啊，怎么可能和初恋结婚呢？就是因为看了太多不要急着走进婚姻的鸡汤，听了太多初恋走不到最后的故事，生生就自己拆散了自己。

苏格拉底有一个著名的挑苹果理论，婚姻不是去超市扫码比价，哪家便宜买哪家，你每次都想拿到最大的那个，到头来却是两手空空。比起人到 30 匆匆找一个人结婚，结婚早的人反而更从容，明明有大把时间和机会，若不是坚信了对方是此生唯一，怎肯轻易托付终身？倒是那些早就认定了对方却打着时机还没到的名义拖来拖去的，最后往往把伴侣的心拖凉了。

早婚不幸的人有没有？一定有。玉婆泰勒80多岁结婚还能离呢，多少岁结都有离婚率，所以拿结婚的早晚来说事实在毫无意义。这个世界上，婚姻只有对不对，没有早不早，但是爱对了人，结婚请趁早。

我跟 A 说，相亲最容易挑花眼，你拿着 10 块钱去菜市场，今天想买两个苹果，明天觉得梨更好，后天又打算买香蕉了，最后通货膨胀了，你连个苹果核都买不到了。别再把那些鬼话当《圣经》，你喝了这么多鸡汤，却连个痛经都治不好，真疼得在床上咬牙打滚的时候，需要的是一个看得见摸得着的爱人来陪伴。至于你的这些“人生导师”，是一个都不会出现的。

所以，千万不要相信所谓的情感专家，当然，也不要相信我。

不是对的人，离婚要趁早

被铺天盖地的刘翔、葛天刷了屏，那颗藏在裤裆里的手榴弹终于还是爆炸了。从一块红烧肉引发的血案到一个离奇的假孕骗婚事件，中间还穿插着疑似小三的狗血剧情，比 8 点档的肥皂剧还精彩。

细细推敲，每个理由都站不住脚。儿媳妇多吃了一块红烧肉，婆婆便勃然大怒，还要强调这块肉有多大。嗯，也许这肉比碗还大吧，谁吃了都会消化不良。

再来说说骗婚吧，甚嚣尘上的一个说法是葛天假怀孕骗了刘翔一家人，活脱脱一个心机婊。可是隐隐觉得哪里不对，怀孕什么时

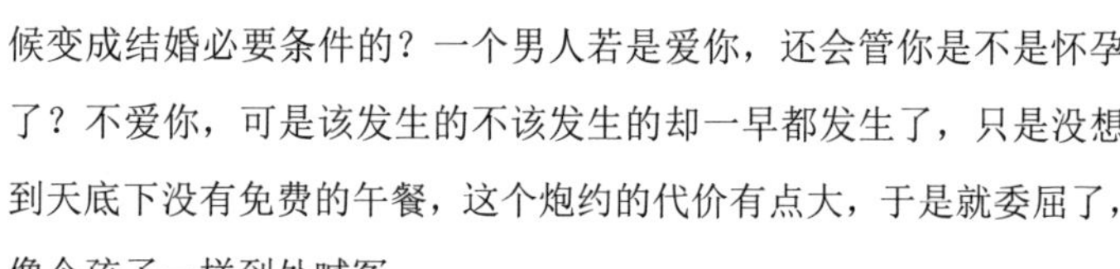

候变成结婚必要条件的？一个男人若是爱你，还会管你是不是怀孕了？不爱你，可是该发生的不该发生的却一早都发生了，只是没想到天底下没有免费的午餐，这个炮约的代价有点大，于是就委屈了，像个孩子一样到处喊冤。

当然，这都是从七大姑八大姨嘴里跑出来的小道消息，男主自己可什么都没说，一句“性格不合”就全打发了，据说发微博的时候连民政局大厅都还没出呢。还有人扒出了种种证据表明刘翔、葛天只是“形婚”，若真如此，还扯什么性格不合呢，连性别都不和。

一段爱情走到这个地步，不管这个爱人有没有被“抢走”，都没什么值得留恋的了。

认识一对情侣，曾经的情侣。与其说是情侣，不如说是怨侣。女生为了男生割腕、堕胎、离家出走，爱得死去活来。每每闹分手，必来我这里哭诉男生对自己有多糟糕。第一次听我还报以满满的同情，劝她立即分手，她深以为然。谁知过不了两个月，两人再一次如胶似漆。如此反复了几次，我对他们的故事彻底失去了兴趣。两年后他们终于还是分手了，男生做了别人的老公。女生说：我觉得自己不会再爱了。“活该”两个字从我的嘴里呼之欲出，但最终还是咽了回去。

中国传统观点其实不乏糟粕，比较毁人的一个观点就是“宁拆十座庙，不毁一门亲”，不知道荼毒了多少男女。恋爱时还好些，若不合适忍痛也就分了，一旦结了婚，再苦都要死撑。不光旁人怕惹是非不敢劝分，当事人也是能忍则忍，明明知道对方根本不适合自己，还是要在错的路上义无反顾地走下去。

常听女人们抱怨自己的男人不养家、不上进、不关心自己，连口吻都那么一致：“谈恋爱那会儿，以为结了婚他会变，结果没有。结了婚，以为有了孩子会变，结果还是那副死样子，现在后悔也晚了。”

我曾劝一位女性勇敢结束一段痛苦的婚姻，她有点感动地说：“这么多人里，只有你一个人这么对我说，别人都努力劝我，既然结了婚，那就好好过吧。”

我说，鞋子合不合适，只有自己的脚知道，非要把 38 码的脚塞到 36 码的鞋子里，最后就只能磨出血泡。你就是学灰姑娘的两个姐姐削足适履，王子最后爱的那个也不是你。一个人在最艰难的时刻需要的不是那些无关紧要的安慰，而是有个人帮她坚定决心，给她勇气，扔掉那双根本不属于自己的鞋子，哪怕是一双水晶鞋。连梁洛施都有勇气离开李泽楷，你怕什么呢？

经常有人劝那些动了离婚念头的女人：和男人比，女人更脆弱，更容易衰老，更经不起婚姻失败的打击。是的，就因为这样，所以才更加耗不起，更要及时抽离。别像《金锁记》里的曹七巧，忍着过了一辈子，从天真少女到阴毒怨妇，连爱的能力都没有了。

所谓的流言蜚语不过都是一阵子，一个不幸的婚姻才是你的一辈子。不是对的人，离婚要趁早。

离婚，不是简简单单地扯一张证，和原本就貌合神离的那个人说句“再也不见”，而是告别过去的那个自己，那个为了爱委曲求全到连自尊都失去的自己。

对于前半生都活在丈夫庇荫下的娜拉而言，离开玩偶之家只是一个开始，如何给自己新生活，才是真正要面对的话题，否则只会陷入鲁迅预测的三种结局：沦落、死亡和回去。

挥别错的，未必就能和对的相逢，不要把重获幸福的希望寄托在一个还未出现的人身上。如果你终于鼓起勇气走出了一段绝望的婚姻，在没有下一个人来爱你之前，先学会爱自己。只有不依赖他人而活，你的人生才会真的重新开始。

失恋、失婚，这些统统没有什么大不了，重要的是，别失去自我。

遇不到好的婚姻是一回事，否定婚姻的美好是另一回事

每次谈起有关婚姻的话题，总会有一些人立马站出来泼洒婚姻的种种冷水。其实婚与不婚，都是个人的自由意志，每个人有每个人的活法，只要你自己觉得精彩，谁也没有权利干涉。我从不反对别人选择单身或者任何婚姻以外的形式，我反对的，是鼓吹婚姻是坟墓，鼓励所有人都像自己一样选择单身的言论。就好比你不能因为自己不去上大学就宣扬学习无用，让别人也去交白卷。特别是，当一个人还有点影响力，有一批人对他的话奉若神明的时候。在我看来，这就属于典型的三观不正，自己带把伞，就希望外面下场大暴雨。

我不知道那些坚定地鼓吹婚姻是坟墓的人，是真的对婚姻毫无兴趣，还是只因没有遇到合适的人选。世俗眼光从来都不应该成为一个人走进婚姻殿堂的理由。把日子过得一塌糊涂的单身女人才会被人称作“老姑娘”，舒淇单身了这么多年，也没影响在广大男性心中的女神地位。

我所鄙视的，是那些连婚姻都没有经历过，就把婚姻形容成一片雷区，一个彻头彻尾的错误，继而否定婚姻本身，倡导女人不为繁殖根本无须结婚，抑或繁殖也不一定需要婚姻（她们说，你可以人工授精或者冻卵嘛）的激进主义者。

这其中其实也分成几类，一类是激进的女权主义者，自认为追求的是男女之间的绝对平等，实则把男权社会下男人看女人的一套反搬了过来，认为男人不过是女人可有可无的床上用品和延续自己DNA的工具，平时搭伙吃饭，有难各自分散，到头来还是要靠自己。

如果你这么定义婚姻，那婚姻还真是可有可无，甚至最好不要。

但问题是，亲，这并不是婚姻啊！

一类是在婚姻或恋爱中受过伤害，心理阴影面积过大实在无法修复，索性相信全天下没有一个男人是好东西。可是菜刀的出现是为了切菜，有人拿它去杀人，你不能怪在刀身上啊。婚姻也一样，你遇人不淑，但不能得出所有婚姻都不幸的结论。

还有一类就近乎可耻了，明明比谁都渴望结婚或是已经结了婚，却把自己标榜成一个不折不扣的不婚主义者，把拒绝婚姻作为女性独立自强的标准，以彰显自己的特立独行。比如某才女明星，无论是不婚言论还是冰冻卵子，无不被一票女权者拿来举例，甚至奉为楷模。我的一个好友对此颇为不屑：这个女明星早就结婚了，我亲眼见过她的入境单，明明填的是 Married。有的人是以自己的标准要求别人，希望这个世界被自己同化，可有的人却是用伪装出来的个性当性格，这类人和那些满嘴仁义道德实则一肚子男盗女娼者，实质如出一辙。

最傻的一类是遭受过童年阴影，或受到各种不婚言论或社会新闻版每日的伦理惨剧影响，从而对婚姻产生畏惧甚至厌恶的人。婚姻就像“小马过河”，别人的成绩最多只是参考，幸福只与自己有关，你不能把别人的例子当作自己的生活准则。

想要婚姻幸福，就先端正对婚姻的态度，不是下乡扶贫，不是长期卖淫，也不是二次投胎，更不是搭伙过日子。

在中国，很多年轻人是被逼着走进婚姻的，这直接导致了很多婚姻的不幸。所以父母逼婚，往往被一味妖魔化，甚至成为年轻人嘲讽或加倍抵制婚姻的原因。其实，你以为他们真的是因为你不结婚面子就挂不住吗？我看过一个网帖，一个男生在禁受不住父母的逼婚轰炸后向父母谎称自己出柜了，母亲在经历了一段时间的不能接受后，居然开始给儿子介绍起了“男朋友”。啼笑皆非的故事背后有些让人心酸，他们不是在乎自己的孩子是不是在背后被人骂作老姑娘，而是担心在自己百年之后没有人来爱她。但也是这份爱，绑架了自己的孩子。

所以千万别逼自己结婚，嫁一个根本不爱的人。女人是否应该结婚，不是取决于父母的逼婚紧迫与否，也不取决于亲戚朋友的关心程度高低，而取决于你是否需要找一个人和你一起抵抗冬的严寒、夏的酷热，是否想有个人能慢慢听你诉说心底的话。

在和我先生在一起之前，我也是个特别独立的人，自认为雌雄同体，独当一面。可是在一起后，我绝想不出离开他之后生活会变成什么样子，虽然在经济上我从不依赖他，甚至比他更好，可是在精神上他永远是我最坚强的依靠。每当我一个人出门，哪怕看到再壮观的奇景，吃到再好吃的美食，都觉得不完美，因为他不在我身边与我一起分享。有朋友跟我说：我就是看到你们的状态后才渴望结婚的。

我有多提倡女人追求幸福的婚姻，就有多鼓励她们离开让自己绝望的男人。一旦有人来找我咨询，我认定了这样的婚姻已经没有爱，就会坚定地劝当事人离婚。两个人都不能坐到一张桌子上吃饭了，为什么还要用一张结婚证捆绑住对方？不止自己遭罪，还侮辱婚姻的神圣。

我并不奢望一个坚定的不婚主义者看到这篇文章能改变对婚姻一直以来的嫌弃态度，但我希望那些被不结婚等同于独立自我洗脑的女孩，能够重新相信爱情，并愿意去寻找爱情。生活毕竟是要自己去过的，别轻易因为别人的一句不好就否定了婚姻的美好。

没有安全感，婚姻如云烟

有个读者曾经给我发过这样的评论，她说：离婚当饭吃的年代，结婚和不结婚区别有那么大？这年代等男人给安全感，想想都可笑。

不得不说，这个想法其实相当有代表性。我身边，不只是单身的，也有已经步入婚姻殿堂的女人，婚姻并不幸福，在她们看来，男人能给你安全感？拜托，母猪都能上树了！

这其中，有些人是被男人深深地伤害过，再也不相信爱情；有些则是不折不扣的女权主义者，坚持不婚主义，鄙视一切在婚姻中寻求安全感的女人，将其等同于无能、软弱、不独立、靠男人吃饭。

有没有靠男人吃饭的女人？当然有，而且有很多。在这个笑贫不笑娼的年代，只要你有钱，谁还管来路。前几天，《芭莎》的微信官号大篇幅报道了甘某的故事，一个相貌平平的女孩靠被富豪包养挣得 30 亿身家，丑小鸭一跃变成白天鹅，作者满满的全是羡慕嫉妒恨。

甘某是谁你可能不知道，但是当年让李某和关某二女争宠的大富豪刘某你该有所耳闻。可是即便是这个让《芭莎》编辑羡慕到吐血的女人，并不是刘的妻子，只是他公开的女友中最得宠的一个而已。她每天要做的，是小心翼翼地伺候好这个男人，注意自己的一言一行，以免哪天像刘的另一位女友吕某一样因为口不择言被打入冷宫。看看八卦杂志的题目“甘某得宠御准追仔”，她连继续生孩子，都要得到这个男人的“恩准”。

另一个有名的例子是刚刚生了二胎的台湾女星吴某，为了嫁入豪门，也真算是拼了，全天下都知道这个男人不肯娶她了，连秀恩爱都要战战兢兢，获得男方恩准才敢 po 一张合照，却还要自编自演一出幸福无比的独角戏给外人看。她缺钱吗？并不缺，名表、豪车，样样都有。她想要的，是一张结婚证书。

这样的女人有没有安全感？

安全感也分物质上的和情感上的，也许你会说，人家是为了物质上的安全感，舍弃了情感上的安全感。可是这份寄人篱下的安全感，真的安全吗？昔日港姐朱玲玲就曾自爆，豪门光鲜的背后全是辛酸，连出门戴的珠宝首饰都只能从家族里“借”，出了这个门，你就什么都不是。

当一个女人在一段两性关系中连独立的人格都失去了的时候，安全感根本无从谈起。

女权主义者说，安全感都是自己给的。这话说对了一半，可是并不绝对。

《傲骨贤妻》的女主角Alicia，是我非常喜欢的一个美剧角色，也是女性独立的典范。当初老公身陷囹圄，原本衣食无忧的她被迫回归职场，用了5年时间，就成了顶级律所的合伙人。若说安全感，她的确比5年前那个无助的自己内心强大太多，再也不用像惊弓之鸟一样面对丈夫的丑闻不知所措，抑或对着堆积如山的信用卡账单愁眉苦脸，不必再仰仗谁、倚靠谁。

可就是这样一个女强人，却永远小心翼翼，怕得罪任何人，像Canning跟她总结的：你明明没有做错事，却总是最先道歉的那一个。她已经把自己打造得足够优秀，却总是欠缺那么一点自信，永远不敢敞开怀抱接纳一段新的感情，这就是典型的没有安全感的体现。她曾经那么相信自己的丈夫，甘愿为他舍弃事业，做一个灰头土脸的家庭主妇，等来的却是背叛。于是走上独立之路之后，她再也不相信他，也不相信婚姻。

所以，有一种精神上的安全感，是只有爱情才能给的。不一定要有婚姻，但一个能给你安全感的男人，首先就会希望给你一个婚姻。再说得更绝对些，这份安全感，应该是一个女人决定走向婚姻的必要条件。

可惜的是，在这个经济压力越来越大、诱惑越来越多的社会，物质上的安全感成了必需品，精神上的安全感却成了可有可无的附加选项。房子是必要的，车子是必要的，爱与呵护呢？别说男人不想给，有些女人自己都觉得可以不要。没空理你？没事，男人就应该以事业为主。夜不归宿？不要紧，哪个男人不花心，知道回家就好了。前几天看了一篇文章，叫《他爱你≠你重要》，说真的我被吓到了。对于一个步入婚姻殿堂的男人来说，还有什么能比自己的妻子更重要？没有！什么都没有！

如果一个男人说亲爱的我爱你，但是我的事业比你重要，我的父母比你重要，我的领导比你重要，甚至我玩游戏都比跟你在一起重要，你可以直接让他“狗带”了。

一段没有安全感的婚姻，也许不会土崩瓦解，但是绝不会太牢靠。

几个月前我赴一个饭局，旁边一个女孩问我能不能送她回家。其实并不顺路，还好也不算远，举手之劳，就答应了下来。一路上，我听到女孩给自己的老公打电话，才知道她结婚了。女孩说，你就到小区接我一下就行。电话那头，男人不耐烦地说，就那么两步你自己走过来就行了，怎么那么矫情。两个人纠缠了几个回合，女孩终于放弃了，有点生气地说："那行吧，你别管了。"放下电话，她叹了口气：天天打游戏，什么都没他的游戏重要。一路上，男人再也没打来电话或发信息问一句。

我把女孩送到小区门口，目送她的身影渐渐远去，五环外的工地边，四下连路灯都没有，黑漆漆一片。那一刻，我觉得她是全世界最孤独的人。

我想，这就是一部分人拒绝婚姻的原因，她们经历了太多爱情的伤害，宁愿像刺猬一样小心翼翼包裹好自己。可是这是你遇人不淑，不是婚姻的错。婚姻，原本应该是美好的。

如果说有的婚姻不能给一个女人带来安全感，那么还有一种婚姻，则是让你误以为自己很有安全感。

我曾经跟一个女孩聊过天，女孩硕士学历，生得眉清目秀，老公是运动员出身，只有中学文化。在我看来，两个人简直不是一个世界的，可是女孩说起老公来却是一脸崇拜。

女孩说，老公特别有男子气概，有一次自己被家门口卖水果的老头坑了几块钱，老公知道后拿起棍子就把水果摊砸了，老头被打得在医院住了一个星期。

类似这样的例子女孩又举了很多，没有一件是遭到抢劫、强奸这样必须要出手的，全是芝麻绿豆大小、动动嘴皮就能解决，解决不了其实也并没有什么的琐事，最后通通以这个老公把对方打得满地找牙而告终。我终于听明白了，她爱他，是因为他给了她足够的安全感。而在她眼里，这份安全感就是她的被保护欲。

如果放在《水浒传》的时代，这样的老公就是武松，是让女人心动的大英雄。可是在现代这个法治社会，这是什么？说难听点，叫违法犯罪。一个女人需要安全感是对的，可是一个连基本的理性和克制都没有、时时把自己放在危险边缘挑战法律和道德的男人，给女人带来的绝对不是安全感。

真正的安全感是什么？去年有一部电视剧《红色》，不算太火，但是在豆瓣打分很高。男女主人公没有轰轰烈烈的爱情，连个吻戏都没有，女主不知道自己闯下了一个又一个大祸，男主每一次都默默在她的身后填坑，把一切危险扛上身，几次差点送了性命，回来后却还是一脸云淡风轻。

她曾经的未婚夫是国民党要员，却在关键时刻丢下她一个人逃命。他只是三角地菜市场的一名会计，一个连去吃西餐都只舍得喝免费咖啡的小男人，却让她满足、感动，愿意和他手牵手买菜做饭，感怀日子前所未有地美好、熨帖。

一个能够给你安全感的男人，永远不会让你担心颠沛流离，永远不会让你在深夜里哭泣，永远不会让你活得小心翼翼，永远不会把你逼成一个福尔摩斯，更加不会让你把离婚当饭吃。

女人需要安全感，是婚姻里最天经地义的事情，不是矫情，不是没自我，更不是需要找老中医调理的“妇科病”。越是独当一面的女人，回到家越需要一个能帮她分担的男人。在这个世界上，没有人会嫌爱太多。我见过被惯坏的女人，却从没见过哪个女人是被尊重坏、保护坏、体贴坏的。

一段给你带来安全感的婚姻，绝不会让你失去自我，恰恰相反，会让你更自信、更从容，你相信无论在外面受了多大委屈，回到家永远有一个怀抱等着你。

唯愿现世安稳，岁月静好。花心成性的胡兰成最终并没有给张爱玲带来安全感，却画出了一段婚姻中幸福应有的样子。

恨一个人有多简单？过得比他好就行了

网上看到一个女人发帖，大意是担心老公要报复自己的中学老师。

这是一段尘封已久突然被掀开的往事。当年老公的初中班主任体罚学生，收受贿赂，和其他女老师乱搞男女关系，总之是个人渣。老公恨了这个老师很多年。几天前，碰巧加入了一个校友群，有个学妹哭诉曾被老师性骚扰，激起了群愤。于是老公带头，要雇人给这个禽兽的头上浇一盆屎。

女人说，老公当年虽然屡遭老师欺凌，但是从未放弃自己，成绩一直顶尖，赴美读了 PHD，夫妻生活优渥。倒是这个老师如今过得很是落魄，被学校提早劝退，离了婚，拿着微薄的退休金一个人生活。有人在街上见到他，头发谢得只剩寥寥几根，佝偻着腰骑着一辆女式自行车去买菜。

读到这里，我觉得这盆屎泼与不泼，根本不重要了——它已经牢牢扣在了这个男人的头上。

大概是由于有段跟故事里的老公惊人相似的经历，所以我特别懂他的愤怒。

初中时，因为性格叛逆，当时的班主任不容我，极尽一个老师特权下能对一个学生做出的最出格的侮辱。成绩第一的我被发配到班上最偏僻的位置，罚站，一站站一上午，考试分配到最差的考场，把我的父亲叫到办公室，告诉他我根本考不上大学……

13 岁的我从未如此恨过一个人，恨不得生噬其肉，生饮其血，生寝其皮，然后搓骨扬灰。我给自己列了一份人生清单，写了自己一生一定要做的 20 件事，第一件就是如果日后发达，必要其身败名裂。甚至曾经我写小说，故事里凡是有强奸犯、杀人犯，都统统是他的名字。

可惜他没能如愿，我也没能如愿。

我考上了重点大学，毕业后通过努力过上了自己想要的生活，这个人渐渐就活成了我记忆里一粒最微小的尘埃，不曾忘记，却也根本不值得想起，我甚至开始觉得当年的想法有些幼稚。

当年对我很好的一个女老师告诉我，他日子过得一直不太好，先是和一个女老师恋爱，遭到女方家里反对，后来网恋了一个女人，结婚了，没过几年女人跑了，这些年一直郁郁寡欢。

我奇怪自己并没有想象中的那么开心，但也丝毫不同情他的遭遇。性格决定命运，一个心胸阴暗狭窄的人注定不会幸福。我只是放下了仇恨继续前行，再看他的故事，就像旁观一个路人甲。

我的一位女读者恨老公出轨，宁死不肯离婚，连孩子也顾不上管，工作也丢了，每隔几天就要去老公和第三者的住处闹上一次。她陷入一种折磨对方也折磨自己的亢奋中，甚至有些扬扬自得，她说我就是要他们鸡犬不宁。

我说不管对方有多贱，多么对不起你，这些年你有快乐过一天吗？你活在对他的仇恨里，最终惩罚的却是你自己。最后你只证明了一件事，那就是他抛弃你是最正确的选择。

《呼啸山庄》里的希斯克利夫是最经典的复仇者形象，他用无

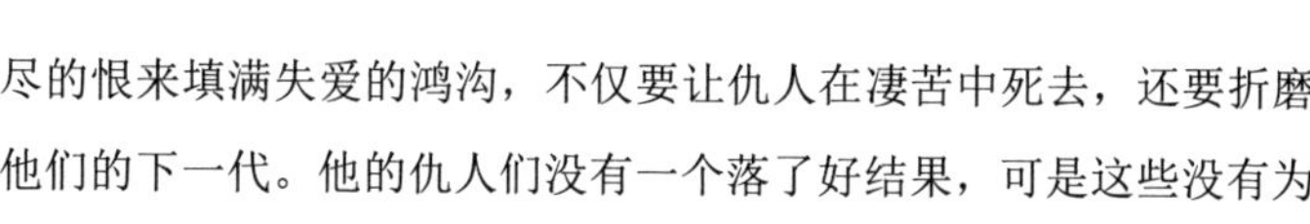

尽的恨来填满失爱的鸿沟，不仅要让仇人在凄苦中死去，还要折磨他们的下一代。他的仇人们没有一个落了好结果，可是这些没有为他带来丝毫满足，他最终死于孤独和悔恨。

小时候看电影，不明白为什么中刀倒地的人明明前一秒还能说话，后一秒拔出刀立刻就咽气。后来有了常识，终于懂得致死的不是刀伤，而是失血过多。插刀的是你的仇人，拔刀的却是你自己。

太多人在仇恨面前选择了同归于尽的姿态，殊不知，真正大仇得报的快乐就是过好自己的生活，告诉他：我压根不在意你的伤害，你也根本伤害不了我分毫！

这几天满屏刷的“致贱人”让我想起了自己的一个故事。几年前，我曾被人恶意中伤，当时也恨极了这个人。后来我淡忘了仇恨，也淡忘了这个人。不久前，失去消息多年的她跑来求我帮个忙，诚惶诚恐。因为实在是顺手的事情，我帮她的时候竟然连心理斗争都没有。她很感激，说要请我吃饭，我说好啊，找一天。其实彼此都知道，并不会有这一天。

放下手机，往事才一幕一幕回忆起来。我并没有忘记那些伤害，也没有伟大到可以以德报怨，我只是觉得当她放下自尊来求我时，我已经赢了，再也没有了耀武扬威的必要。

不原谅的永远不原谅，该放下的却总要放下。我不是选择放过你，而是去拥抱那个曾经遍体鳞伤的自己，告诉自己，你值得更好的生活。种在心底的那根刺，急着拔掉，只会流更多血。时间，终会风干所有的伤口。

过得比他好，还有比这更解气的报复方式吗？

熟能生巧，闲能生病

俗语云，饱暖思淫欲，人闲生是非。世间一切烦恼，大都逃不出两个原因，一曰钱，一曰闲。今天听到一个姑娘抱怨自己怀孕后情绪特别差，天天以泪洗面，一说就觉得委屈到无以复加。

姑娘今年20出头，早婚早孕，不用工作，如今每日在娘家饭来张口衣来伸手，还嫌母亲太啰唆，事事管着自己，连吃饭这样的琐事都要操心。大概是岁数太小，还没适应母亲角色，姑娘怀孕几个月了，连什么时候产检、做检查的必要事项这些检查单上写得明明白白的事情都要到处找人问。

我说，你就是太闲了。大把时间就算不工作，起码也要找点事情做，多逛逛母婴论坛，研究研究育儿经也是好的啊。如果你把这些都搞清楚，自己能照顾好自己，你妈也不会不放心到要每天叮嘱你。你这样下去，最后孩子还没生出来呢，先生出一堆闲气。

我怀孕后，经常被人说看起来一点也不像孕妇，整日生龙活虎。我说我孕反严重在厕所吐成狗的时候，你并没有看到啊。一个人像不像孕妇，取决于你有没有把传统观念中孕妇的一面展现给别人看：娇弱无力，步履艰难，时时强调自己是需要别人照顾的群体。

的确，生理上，是有些比以前困难的地方，孕反强烈就不说了，体力不支那是常有的事，肚子大了，捡东西都有点困难。可是心理上，有一句话叫为母则强。

为了给未来的宝宝做个表率，也为了给他一个更好的未来，我努力让自己变得更加强大：工作不能落，写作不能丢，周末去做各种讲座分享会，还要利用空闲时间学习各种孕期知识，知道该定期吃什么做什么，什么才是对宝宝最好的，成为准妈妈群里有名的“百事通”。要知道，谁也不是生下来就会给人当妈的，怀孕前我连妇产医院的门在哪儿都不知道啊。

有人问，你不觉得这样的日子很委屈吗？女人怀了孕，就应该好好养着啊。我说不觉得，当你一直往前冲的时候，根本不会想到委屈这件事，况且，我自己特别享受现在的状态，觉得每一天都比前一天更有希望。

我曾试过忙到回家了倒头就睡，脸都顾不上洗，连喊声累的时间都没有。倒是哪天闲下来了，还真是不停地碎碎念：心好累啊，心好累啊。

世道艰难，人生不易，谁都一样。比如开头那个怀了孕的姑娘，我说你妈一把年纪了要照顾你，还得操心你肚子里的孩子，起早贪黑做完饭，吃不吃还要看你的脸色，她不累吗？她比你累多了。只不过当你有大把时间的时候，就会把全部的精力都聚焦在自己身上，觉得自己是最艰难的那一个，全天下都对不起你。

再比如林黛玉，不比薛宝钗、王熙凤每日在大观园里忙忙碌碌的交际花生活，整日养尊处优，一腔闲情没处释放，只好没日没夜自怜自伤、胡思乱想，随便一点小事都能联想到自己寄人篱下的悲惨命运，连几条旧手帕都能激起一大段内心OS。她最后不是病死的，是自己把自己憋屈死的。

如果说内向的人容易闲出病来，外向的人则容易闲出是非来。

小时候住筒子楼，楼里有两个女人是死对头，特别爱打架，每次打架的起因都简单得可笑，不是A在B门口吐了一口痰，就是B

跑 A 门口梳了一地头发。有一次打得凶了，一个人把另一个人头皮都扯下来一块。

说起来，两个女人有一个共同点，就是都没有工作，孩子又都上学去了，每天在家里无所事事，自然除了打麻将就是打架。

美国作家雷蒙德·卡佛说过一句话：我还是相信工作的价值：越辛苦越好。不工作的人有太多的时间来沉溺于自己和自己的烦恼之中。

把悲伤、压抑、愤懑的时间都用来找点事情做吧，如果你整日都陷入无边的烦恼中，不是上天辜负你，也不是别人忽视你，说到底，就是你太闲了。

姑娘，你并不会幸福

先讲个其实无关的趣事。

前几天好友小 Y 怀疑自己怀孕了，她先用一根普通验孕棒证实了这个猜测，但是不放心，又从京东买了一根某知名品牌验孕棒（可以显示周数的那一种），之后忧心忡忡地告诉我，验孕棒没有任何显示。我向她解释了孕周的推算原理，并告诉她没有任何显示的唯一可能就是这根验孕棒是坏的，不必担心，也大可不用再把钱浪费在验孕棒上，直接去医院排期检查即可。

毫无疑问，我给出的是一条绝对正确且省钱的建议，但是出于对人性的了解，我用 100 个肉夹馍打赌，她还会再去买一根。

两个小时后，我果然收到了小 Y 怒气冲冲的反馈：我又去旁边超市买了一根同款，立即显示了数字，京东卖得果然是伪劣产品！

这个故事，不过是再一次说明了一件事，最正确的话，大概都是废话。管你是至圣先贤还是经验丰富的过来人，人们只会按照自己想的方向做事，如果他们听了你的话，原因只是你恰恰说到了他们的心坎里。

最近接到很多咨询，尽管这些形形色色的故事有着不同的时间、地点、主人公，但是剥开复杂的背景外衣，它们的相似程度之高甚至让我怀疑是同一个姑娘用了不同的马甲。

简单总结一下，就是一个男人对我很好，后来我才知道他是有妇之夫。这样很不好，但是我离不开他，现在我怀了他的孩子，他疏远了我，请问我该怎么办？

每每看到这样诚恳的问题，内心深处都在感慨：社会新闻版每天这么多的伦理悲剧，也拦不住这些姑娘的前仆后继。

“被小三”的姑娘们比主动小三的姑娘们多了一层理直气壮：

我被骗，我无辜，我只是想要幸福。但是她们比主动向有妇之夫投怀送抱的女孩还要可悲，至少那些女孩还知道自己要什么，也了解会承担什么样的后果。

答案其实不用咨询她们也知道，当然是离开这个男人，最好也不要选择做单身母亲。断舍离并不难，但是懂得断舍离的人，不会让自己走到需要断舍离的这一步。

“我就是不想离开他啊！”隔着屏幕我都能感知到她们脸上的无辜与茫然。若要离开，还问你干什么？我就是想要你指一条能让他乖乖踢走原配，来到我身边，爱我宠我一辈子的路。

别说我不知道如何教你留住有妇之夫，打赢一场和正室的战争，就是知道，我的三观也不太允许我传播这类知识。

每到这个时候，对话就无疑到了根本无法进行下去的死胡同，你叫不醒一个装睡的人，也拯救不了一个执意作死的人。有姑娘曾问我：你说我会不会幸福？我说：对不起，你这么纠缠下去，我是看不出来有什么幸福的可能。

首先，你的眼神不好。这么多适龄男性，最后千挑万选相中一个有妇之夫。别说他装得太像，聪明的女人连从一管牙膏里都能发现出轨的蛛丝马迹，而你居然在选择交往前连对方有没有家室都看不出来。

其次，你的道德感也不太强，在知道了对方身份后，还是选择了一脚踩进去。你是挺痛苦，考虑过人家妻儿更痛苦吗？姑娘听后立即跳了起来：你不是我，你怎么知道我经历的痛苦挣扎！这个说法让我想起了前不久朋友圈热传的一篇文章《你没有权利批评任何人》，谁的人生掘地三尺都能挖出点不堪回首的过往，变态杀人狂个个都有一个悲惨的童年，问题是，这不能成为你的免死金牌，让你游离在道德批判之外。

姑娘说：在一段感情中，不被爱的那个才是第三者。抛开道德角度不谈，这个说法在逻辑上还真是无懈可击。所以现在问题来了：当一个男人摘下婚戒，每天跟你海誓山盟一万遍，然后在天亮前再找个借口悄悄回家，你以为这就是爱了？别逗了，他们爱的只有自己。

我见识过最牛的感情骗子，家有悍妻还能同时和上百个女孩谈恋爱，因为女朋友太多，记不住每个人的名字，他索性将她们统称为“丫头”，在手机通信录里标注上“丫头1号”“丫头2号”“海淀丫头”“三里屯丫头”……真是比叫外卖还方便。

婚外情对这样的已婚男人而言，不过就是寻求一段婚姻之外的刺激。想和他们维持一段长久的恋情，第一要义就是永远别碰触他的家庭底线，做情人千般疼万般宠，一旦你动了“转正”的心思，麻溜儿地要多远滚多远。

也不是没有一点机会，但是“创业”难，“守业”更难。你以为千辛万苦、忍气吞声携子上位赶走原配就是胜利了？黄圣依跟杨子爱得这么高调，也没拦住对方隔三岔五就捧一个新欢上位。选择一个花心男人，你就走上了一条打怪练级的不归路，一山还比一山高，就像西游记的主题曲：

刚擒住了几个妖，又降住了几个魔，魑魅魍魉怎么它就这么多。

这样的婚姻，纵然得到了，你会幸福吗？

更要命的是，你连基本的安全意识都没有。这和对方是不是有妇之夫并无关系，安全性行为是一个女孩对自己最基本的保护，打胎伤身，单身母亲改变你一辈子，代价之大，都不是一个女孩在生命最美好的时光里应该承受的事情。所以避孕，避孕，避孕！重要的事情说三遍。

说到底，你需要离开的不是一个打着单身名义欺骗女孩的已婚贱男，而是一个不懂得爱自己的自己。

这些天身体不好，欠了太多女孩的咨询没有回复，所以这篇文章统一送给你们，虽然我知道，这只是又一堆正确的废话。也许你会在读完后默默取关我的公众号，然后继续拨打他其实早就已经打不通的电话。

道路还是要自己选的，毕竟每一种后果都要自己承担。

Chapter 6

从小女孩
成长到养孩子

中国母亲最大的特点就是特别爱操心，

而中国子女最大的特点就是特别不省心，

嘴上说着“这是我的事，不要你管”，

把一切搞砸了之后难免还要回来找父母擦屁股。

BBC 中式教育胜利的背后：学霸还是学霸，学渣仍是学渣

最近，一组 BBC 中国式教育纪录片被炒得沸沸扬扬。第一集播出的时候，中式教育还在劣势中，一个哥们儿特别有自信地跟我说：别急啊，后边就翻盘了。

果然，最后的成绩以中国队大获全胜告终。于是国人奔走相告：我们赢了！那种酸爽的感觉有点像中国足球冲出亚洲走向了世界，简直比奥运会拿了金牌还要嗨。

可是抛开那点民族自尊心，从头到尾，我并没有看出有什么特别值得高兴的地方。学霸还是学霸，学渣仍是学渣。

接受中式教育的孩子比英式教育的孩子付出的时间多出了近一半，最后平均分也不过提升了几分，而在这些中国老师走后，至少有一半的英国学生将处在对自己排名极度不满的阴影中，有些人甚至可能伴随终生。

至于短短几周到底能学到多少真正的知识呢？中式班上的一位女孩说了一句大实话：我们不需要学习正弦、余弦，会算账和报税就可以了。

在中国也一样，我们的知识颠峰都留在了高考前夜。我高中代数极好、几何奇差，当年没少为如何像医生给病人开刀一样在一个莫名其妙的立方体上精准地画出一道辅助线而头疼。可是那又怎样呢？这些年作为一名文科生的我既没有再用到几何，也没有再用过代数，连二次元方程都没有。

并不是一味抨击中式教育，谁当了教育部部长估计也暂时拿不出比高考更好的解决方案。人口密集，就业压力太大，只好通过考试层层卡人，一个班少则五六十人，多则七八十人，哪个老师也没工夫给你因材施教。但是你说这样的教育理念有多值得去国外推广，那就呵呵了。

总结一下中国老师们在英国的制胜秘诀，无非还是死记硬背，多花时间。难道西方的学生就真的不懂得这个道理吗？你去哈佛看，通宵达旦读书的学生比清华、北大多太多了，法学院的学生每天平均睡眠时间还不足 5 小时。

美国随便拎出一个常春藤高校里的诺贝尔奖获得者，就比中国官方和非官方认可的加起来还要多。牛津、剑桥也一样，你以为都是睡觉睡出来的吗？

压力倒逼努力，哪里都一样，只是西方不太把这种压力压在孩子身上而已。

教育不是万能的，哪种教育模式下都有精英和底层，评判他们孰优孰劣，显然不可能只靠一场为期几周的比赛，那不过是一场真人秀而已。

若说中式教育到底“毒害”了谁？显然不是学霸。传统观念对所谓学霸一直有一个误区，认为就是只知道死用功的那一类。事实上，学霸不是学呆，更不是学蠢。我所认识的所有死用功的人，最终都做不成学霸，而我所认识的学霸，也从来不是最用功的人。相反，他们有时间博览群书，有些还打得一手好 Dota。

当然也不是学渣，因为他们是被中式教育早早放弃的那一类。

真正被“坑”的，是那些所谓的“好学生”。这些学生的特点就是比学霸还努力，如果你中学住的是寄宿学校，一定曾在走廊看到过通宵达旦看书的他们。最听老师话的也一定是他们，他们的资历里值得炫耀的事实在不多，当过班干部大概算一样。

他们的成绩大部分不算坏，但也最多是个中游或者中上游，徘徊在去二本还是一个普通“211”之间。

他们习惯了听妈妈的话，听老师的话，听领导的话。他们给自己的定位更像是一台按部就班的机器，你说什么，他们就去做什么，勤勤恳恳，任劳任怨，但也绝不带半点发挥。永远在干活，永远不出活。

这些年我见过太多这样的学生，他们的脸孔神情惊人地相似，像极了一个流水线上下来的产物。这不只是老师的功劳，家长也功不可没。很多家长都得意培养了这样一个好孩子：我女儿（儿子）从小就特别给我省心……

每每听到这样的话，我都无语，当家长本来就是要费心的，图省心养只猫就好了嘛，专注卖萌20年。传统的中式教育日复一日地洗脑，抹杀了孩子们独立思考的能力。

几千年前孔子提出“有教无类”，几千年后一位中国老师在镜头前给一个英国老师洗脑：我们这边就一本教材，大家跟得上就跟，跟不上就自然淘汰。好像很合理，可是隐隐觉得哪里有些不对。效率至上的教育原则让中式教育所向披靡、无往而不利，却剥夺了孩子们一切思考的乐趣。

比较感人的一个镜头是几个英国女孩听不懂中国男老师讲的正余弦定理，转而去求助他们的数学老师，英国老师用了整整一个中午的时间为她们举例、类推，几个女孩最终恍然大悟，那一刻她们真正体会到了数学应该有的快乐，去他妈的比赛吧！

别再对人说“等你有了孩子……”

前两天坐火车回家，适逢端午，满车厢都是小孩。车上人本来不多，有三分之一的座位甚至还空着，但整个旅途就像置身大剧院，叫嚷声、哭号声此起彼伏。有那么一段时间，我就像《王牌特工》教堂戏中的科林叔附体，被人开启了狂暴波段，分分钟都要爆发。

在我觉得一分钟都不能再待下去的时候，这些家长正坐在一旁抚掌大笑，看着自己活泼的孩子，满脸都是爆棚的幸福感。

这还不算最糟的。

两年前，也是坐火车，遇见了一对极品母女，抱着一个一岁大的孩子。孩子下半身整个光着，车开到途中，年轻女人抱着孩子在座位上就开始把尿，最近的厕所离她们目测只有 5 米。

每每有人吐槽熊孩子，看评论就可以自动把当家长的和没当家长的拉开一条楚河汉界。有孩子的基本只有一句话：等你有了孩子……

而这恰好也是这两年我听得最多的一句话。总有人语重心长地以过来人身份告诉你：等你有了孩子……前两天刷屏要判人贩子死刑的，也是这群人，但凡有人跳出来说一句人贩子一律判死刑不合理，这群人立马怒不可遏：等你有了孩子就知道了！

如果要评我最讨厌的 10 句话，“等你有了孩子……”绝对可以问鼎 Top3。前两天有篇现象级文章叫《你弱你有理》，“等你有了孩子……”就是其中的典型代表，再没有比这更无耻的强盗逻辑了。

家长爱孩子我可以理解，觉得自己的小孩全天下最漂亮、最聪明也很正常，问题是你怀的又不是龙种，生下来就黄袍加身，全世界都得让出一条血路。事实上，你的孩子并没有那么可爱，别人也不是圣雄甘地。你的孩子哭闹，在你听来悦耳，在别人那里就是骚扰。

你的孩子乱拿别人东西，你觉得只是淘气，可是在别人看来这就是没有家教。

有了孩子，代表你的人生又上了一个台阶，你要为人父、为人母，承担起教育下一代的责任，你应该变得更强大，为你的孩子遮风挡雨，给他做人的示范。怎么到了中国的爸爸妈妈这里，就自动把自己降到了处处需要被同情、被理解、被关爱的特殊群体？

有了孩子，就可以当街喂奶、当街把尿，纵容小孩捣乱破坏，还一脸无辜：等你有了小孩就明白了，小孩子是不受控制的，我们也没有办法……

真的没有办法，还是你压根就没有想过办法？小孩子也是有廉耻的，只不过家长通过行为暗示他，你还是个孩子，不需要懂廉耻。我想起自己 4 岁那年，家里批发了一箱冰淇淋，但不许我多吃，我偷吃怕被发现，就悄悄把盒子都扔到二楼邻居家外的天台上。后来我爸爸看到了，带着我拿着笤帚簸箕去人家家里登门道歉，让我自己打扫干净。邻居说：不用这样，她还是小孩呢。我爸说过的一句话我至今都记得清清楚楚，他说：就因为是小孩，所以才要让她学做人。

有一年我坐飞机，飞机上有两个带孩子的妈妈，他们的孩子也差不多大，其中一个孩子 4 个小时的飞机从头哭闹到尾，当妈妈的始终面带微笑。另一个孩子就坐在我旁边，全程都安安静静。我说旅途中难得遇见这样的小孩，他妈妈笑着说，因为我告诉他，谁也不喜欢吵闹的小孩，你一吵，影响叔叔阿姨睡觉，人家都嫌弃你。

你会发现，一个有教养的人，在任何时候都是得体的，不会因为有了孩子就发生改变，也不会让自己的孩子成为别人的麻烦，理直气壮地让全世界都包容自己。这样做不是为了别人，恰恰是为了孩子。

这两年，“熊孩子”成了热门话题，家长们总是说孩子还小不懂事，长大就好了，李双江和梦鸽大概也是这么想的吧。纵然你的孩子没有成为李天一，当他有一天不再是一个孩子，离开了你给他搭建的堡垒，立即就会感受到来自全世界深深的恶意，这个世界已经忍他很久了。

也许有的家长看了会说：那是因为你不爱小孩。我还真有个朋友不爱孩子，甚至可以说是讨厌，因为受不了形形色色的熊孩子，她甚至连婚都不结。我则恰恰相反，前段时间身体的种种征兆都让我觉得是怀孕了，我迫不及待去医院验血，等报告的时间好像一个世纪那么漫长，结果却是失望。我对我先生讲，我在等我的孩子给我发录取通知书，一定是我们还不够优秀，TA 才不肯来到这个世界上。

别再对人说“等你有了孩子……”，别人有没有孩子，都跟你无关，你要做的，是做好一个家长。小孩子是白纸，画笔在大人手上。

别让孩子改变你，你去改变孩子。

活在朋友圈里的“母亲节”

母亲节的朋友圈总是毫无意外地被各种祝福语刷爆屏。那些证明母爱伟大的视频和H5天然就是为母亲节的“朋友圈一日游”而存在的，总能够在母亲节前一天如雨后春笋般呼啦啦冒出来，在母亲节过后消失得无影无踪，再静静等待下一个母亲节的到来。在这剩下的365天里，你该拉黑母亲照常拉黑，该讨厌母亲的絮絮叨叨照旧讨厌，丝毫不会因为看过的视频而发生任何改变。

还有更多的人选择晒照片的方式。各种节日对于国人的意义永远在于一个“秀”字。放一张对他人而言毫无意义的你母亲的照片，最多也就证明了你长得不行这事儿真的不赖你自己。来一张自己的大脸自拍，附一句“祝妈妈节日快乐”，对于离你千里之外的母亲而言，也并不能增加丝毫快乐。

其实放照片的人比谁都清楚，你母亲需要的不是一句空洞乏味的祝福。她想你有一份稳定的工作，你因为跟老板的一句话不合就跑出去看世界了，就算带再多异国他乡的纪念品回来，她也笑不起来。她希望你早日成家，你跟她讲新时代职场女性要独立，不要再用婚姻这座大山压得你喘不过气。当然这并没有什么不对，只是每当她想到女儿人到中年依然孑然一身，愁容怎么都舒展不开。再比如她想早日抱上外孙，你跟她大谈特谈丁克的好处，你以为你说服了她，其实也许她整夜整夜都在失眠。

如果你母亲整日都活在为你而焦虑之中，母亲节一句“祝妈妈快乐”，基本就等同于上中学那会儿你成绩回回倒数却每次都要宣誓“我一定要考上北大”，骗骗自己还可以，问问你同桌信吗？

《虎妈猫爸》热播，赵薇扮演的虎妈为了让孩子上个第一小学操碎了心，有人说太夸张，也有人说真实得不能再真实。中国母亲最大的特点就是特别爱操心，而中国子女最大的特点就是特别不省心，嘴上说着“这是我的事，不要你管”，把一切搞砸了之后难免还要回来找父母擦屁股。

我有个朋友当年不顾家里人反对和男友结了婚，有了孩子之后又不顾家里人反对和丈夫离了婚，还欠下了一大笔信用卡债。如今的她每天依旧在朋友圈潇洒地晒和姐妹们的出游、温泉、下午茶，可是她 50 多岁的母亲除了要在家带淘气的外孙，贴补女儿的家用，还要操心女儿未来的归宿。母亲节这天，她也发了“母亲节快乐”，可是我想，如果我是你母亲，是断然开心不起来的。

我特别清楚地记得我母亲最不开心的几段日子，全都跟我有关。一次是我第一年高考完任性地决定复读，她说我支持你，但是就那么一个月的时间她头发就白了一半。一次是我面临毕业找工作，那年就业压力空前大，我接连换了几个不靠谱的实习单位，还是没着落。那会儿每次回家，晚上睡觉，隔着墙都能听到她不停翻身的声音。我觉得那时候就算给她 100 万，她也挺难真的快乐起来。这些年我事业也说不上成功，但总算慢慢走上轨道，她才开心起来，知道至少我能靠自己过上衣食无忧的生活。我从没在朋友圈发过一次“母亲节快乐”，她每天依然很快乐，有时和邻里们凑在一起，也喜欢跟人家炫耀这车是女儿出的钱，这衣服是女儿给买的。

如何让你的母亲开心？有的母亲希望孩子出人头地，有的母亲希望孩子找一个好对象，有的母亲希望早日抱上孙子，有的母亲可能只是想你能常回家看看……对每个母亲都有不同的取悦方式，但一定不包括每年母亲节只在朋友圈看到你发一次“祝妈妈永远快乐”，更何况作为被大部分子女屏蔽拉黑的对象，她们还往往看不到这一条。

每个人都有表达的权利和自由，这当然包括去朋友圈晒照片，不过发之前，先想想除了满足自我表达的欲求之外，到底能给你的母亲带来什么实质的价值。如果你过得很好，其实她每天都在过母亲节。如果你过得糟糕，特别是当她还在犯愁要不要给你打点钱，好让月光的你支撑到这个月末的时候，母亲节唯一的意义就是让她再一次想起自己“为人母”这个悲哀的身份。换句话说，如果你把自己的生活过得一团糟，就没资格说一句“母亲节快乐”。

富养孩子前，还是先富养你自己吧

关于孩子要穷养还是富养的讨论，最近又被翻炒了一遍，成为朋友圈一大热门话题。前几年流行一个说法：男孩要穷养，女孩要富养。新的说法是：男孩也要富养。朋友圈的妈妈党们深以为然，纷纷转发，表示再穷不能穷孩子，一定要给孩子最好的。

认识个年轻的妈妈，是“富养派”的典型代表，夫妻俩加起来月收入不过万，父母家境也一般，却要给孩子买两三万一辆的婴儿车，吃近千块一罐的奶粉。如今经济状况捉襟见肘，自己连碗牛肉拉面都快吃不起了，还在盘算着将来如何送孩子去学费十几万一年的国际学校。

我跟她说，富养孩子前，还是先富养一下你自己吧。

在我看来，单纯争议对子女的“穷养”或“富养”，并没有太大的意义，必须要放在整个家庭收入和消费情况的大环境下，才有讨论价值。

比如以王健林的雄厚财力，王思聪算被富养吗？我觉得不算，最多算“正常养”。还有贫困山区过个年才能吃一次肉的孩子，也不能归为穷养，那是“只能这么养”。没有人会脑残地跑过去问：何不食肉糜？

讲真的，提倡艰苦朴素的年代早就一去不复返了，这年头有条件富养却非让孩子吃糠咽菜的奇葩家庭几乎已经绝迹，倒是把自己的生活水平降到尘埃里，也要给孩子提供最好的物质条件的家庭越来越多。这跟时代无关，是为人父母的天性使然。好像不牺牲自己，就称不上爱孩子。

我姥姥一生节俭，四十多岁得了食道癌来北京治病，一心想吃一次全聚德，在饭店门口徘徊了将近一个小时，这门终究还是没有踏进去。她回去没多久病情就恶化了，连水都喝不进去，没多久就离开了这个世界。这烤鸭，成了种在我妈心里永远的一根刺。

如果你以为我姥姥是因为穷，那就错了。20 世纪 80 年代初她辞世的时候，存下了整整 2000 多块钱，在那个冰棍 3 分钱一根、猪肉 3 毛一斤、茅台 8 块一瓶的年代，这大概算一笔巨款了，是姥姥穷养了自己一辈子换来的，就为了都留给孩子。

我妈充分继承了我姥姥的节俭，并将其发扬光大。和同龄人相比，我也许不算是富养大的，我妈总试图教育我勤俭持家，可惜最终没成功。但是和她对自己的穷养程度比，我绝绝对对是被富养了。

我妈对自己有多抠？她不化妆，也不买护肤品，剩饭从来舍不得倒，秋衣还打着补丁，我给买的新衣服安安静静地躺在衣柜里，总之有旧的绝不用新的。每次做个大鱼大肉，我爸刚想下筷子，就被我妈拨回去：你别都吃了，让闺女多吃点！

我爸年轻时是个爱败家的主儿，没认识我妈那会儿能花一个月的工资买把吉他，半年工资买块机械表。我小时候，最盼着我妈出差，一出差，我爸就拉着我下馆子，父女俩吃得两眼放光，满嘴流油。我爸狡黠地看着我：“知道你妈打来电话怎么说吧？”我一边擦嘴，一边忙不迭点头：“知道，就说你给我做的炝锅面！”

可是几十年的共同生活，我妈生生把我爸改良了。几个月前他们来北京看我，我爸连水杯、泡面都带着，一边往外掏，一边得意扬扬地说：“外边买多贵啊！”

两人待了两天，把我的衣柜翻了个底朝天，那阵势简直就像开批斗大会。我爸眼尖，一眼看见了衣钩上挂着的一件Burberry大衣，摸摸料子问老笨："她这件多少钱？"老笨老实，刚想开口，我抢过话茬："打折买的，还不到500块！"我爸两眼一翻："骗鬼呢！"

临走前，老两口非要给我们留下6000块钱。我们哪能要，可是推不过，钱少心意重。我爸边塞钱，边语重心长地跟我说："你都要当妈的人了，少败些没用的家，多给孩子留点钱啊！"

如果你以为我们是无耻的啃老族，那就又错了。我和老笨虽也算不上大富大贵，但收入是我爸妈的好几倍。可是这些年，我们给他们的钱，他们一分不少地全存上了。给他们买什么东西，他们下一句话准是：下次可千万别乱花钱了。

我曾经跟我妈说了无数次："别省钱，少吃剩饭，钱不够了就找我要啊！"我妈就一句："小没良心的，我还不都是给你省的。"

我妈的内心深处是不舍得乱花一分钱的，姥姥留下的2000块，虽然放到现在连条像样的裙子都买不来，可是这份爱太沉重，仿佛挥霍了，就是糟蹋了，只有一代代省着、存着，传承下去，才是钱唯一正确的用法。

我没有继承我妈的消费观，但每次我一花钱，再对比我爸妈对自己的抠门，像无形中背负了一道道德枷锁，感觉自己不孝至极。哪怕天地良心，这钱是我吭哧吭哧给人码了一宿稿赚回来的。

穷养自己更可怕的结果，是容易养出白眼狼。

曾经看过一则新闻，单身妈妈含辛茹苦打工送儿子去日本留学，自己连饭都吃不起了，儿子却在日本过最奢侈的生活。最后做妈妈的实在没有钱了，被回来要钱的儿子一怒之下捅死了。

我认识一个男生 A，也是被父母富养大的产物。父母都是收入低微的一线工人，却不惜一切代价供儿子，能满足的无不满足，从小吃穿用度皆要最好的，养成了一种好强争胜的性格：冰淇淋最低要哈根达斯级别，喝水要喝依云，手机出了哪个新的立刻换掉旧的。

A 在学习上也要强，一路都是学霸，考上了清华，父母讲起来骄傲到不行，觉得自己的一切付出都值了。及至大四那年 A 要出国，家里已经完完全全被掏空，恳求儿子可不可以留在国内，A 冷冰冰地掏出一句话：不是还有房吗，卖了就行了。

造成这样的家庭悲剧，最大的问题还是出在父母身上，连富养自己的能力都没有，却非要打肿脸充胖子富养孩子，最后造成了家庭关系失衡，生生把孩子养成了天生来讨债的主。

明明是你的养育方式出了问题，却把希望寄托在孩子的良心上。有良心的孩子不会真正甘于享受被富养，他们会陷入深深的内疚与不安；没良心的孩子则适应了父母的付出，把一切当作理所当然，最后，他们觉得其他都挺好，就是一对寒酸的父母配不上自己的身份，丢了自己的面子。

一个只有苦情戏的人生，该有多么可悲。如果你连自己都不爱，怎么给周围人带来快乐？当父母决定为子女付出一切时，就是基本放弃了自己的人生，把一份“恩债”强加在孩子身上，也牢牢锁住了自己。

所以，最好的亲子关系是平等的。对，没错，我用的词是平等。孩子，我是你妈，我把你带到了这个世界上。我爱你，但是我不欠你。当然，你也绝不欠我。

我会尽最大的努力富养你，但是首先，我要有能力富养我自己。

富养自己，不是你戴着劳力士而让孩子吃糠咽菜培养苦难意识，也不是家里穷得只剩一块馒头了，你吃让孩子饿着，而是一家人有福同享、有难同当。

想讲几个童话

童话到底会不会误人子弟？我在自己的公号上发了一篇农大副教授盛荣关于中国神话的批判文章“社会学教授：千万别让三观不正的中国神话毁了孩子一生”，争议很大。赞同者称，不止中国童话三观不正，国外童话也是“毁”人不倦，教坏小孩子。批驳者称，是大人猥琐了，小孩子哪有大人那么多心思？

所以我想先给所有“自以为是”的大人讲一个与童话无关的小故事。

曾有个男生对我说，特别清晰地记得自己两岁那年，奶奶和妈妈带自己出门，恰好当时想上厕所，奶奶指着路边的树坑对妈妈说：就让他在这儿上，小孩子懂什么。

“我当时看着周围来来往往的人群，红着脸，犹豫着，就那么羞耻地尿了……”

如果有妈妈看到这篇文章，请记住一件事：你的孩子比你想象的要懂得多得多，请不要粗暴忽视他的感受。那么现在问题来了：童话之于小孩子，到底有多重要？

弗洛伊德认为，成人将其担忧、内疚和愿望的实现在梦中以象征的方式安全地表现出来。童话犹如梦一样，它帮助儿童宣泄不安、恐惧、仇恨等情感。

在我看来，童话绝不是一本哄孩子睡觉的床头读物那么简单，而是帮助孩子搭建一架从童年通往成年的阶梯。童话故事中的观念深深植根于儿童的意识中，即便后来长大成人，你知道了“童话里都是骗人的”，这些无意识中的内容依然存在于你的心灵深处。比如大部分童话故事从小就教会了孩子们这是一个看脸的残酷社会，只要你美，你说的都对。美貌，直接跟温柔、善良等一切美德挂钩，长相丑陋的人无一不是道德败坏。

有个女孩留言说，小时候《格林童话》看得多了，心理有了严重阴影，以为所有爸爸都要给女儿找个后妈，所有后妈还都是隔壁家的狠毒妇人……鲁迅小时也酷爱童话，《从百草园到三味书屋》的散文中时时可以窥见作者的“美女蛇情结”。

当然，影响也不全是负面的，比如当代“灰姑娘”的励志典范凯特王妃当年宁可休学一年，也要重新申请到威廉王子所在的圣安德鲁斯大学。这种非王子不嫁的精神，很难说不是受了童话影响。

我特别同意一些读者的看法，如果以成年人的身份带入古今中外的童话故事，多多少少都存在着三观不正的问题。白雪公主是傻白甜；灰姑娘是玛丽苏；蓝胡子的故事是典型的“好奇害死猫”；青蛙帮公主捡个球就要人以身相许（虽然真身其实是王子吧，可是鬼知道），而公主为了一只球居然就答应了……

不过价值观这件事见仁见智，1000 个人眼中有 1000 个哈姆雷特，有人觉得牛郎织女的故事是耍流氓，也有人觉得这是一份唯美浪漫。我曾在以前一篇文章中答应读者，也来推荐几个我自己喜爱的童话故事：

《老头子做事总是对的》

推荐这个略冷门的故事，可能会有点争议，因为故事里的老头一路都在做蠢事，只是恰好娶了一个和自己同样智商不足的老婆。

可是这样一个故事，真的影响了我的爱情观。

第一次读这个故事的时候我 6 岁，当时我父母特别爱为了一点芝麻绿豆大的事情吵个不停，每次都让我有一种火山撞地球的崩溃感，觉得世界末日随时会到来。这个时候读到这个故事，真的是觉得又可爱、又温暖。原来婚姻可以这么轻松，家庭从来都不是一个讲道理、看性价比的地方。

后来我结了婚，总对我先生抱以无比的信任：老头子做事总是对的。多用放大镜看对方的优点，尽量无视那些无关紧要的缺点，人生就会幸福一点。更何况，有时候看着对方犯些粗心大意的小错误，也会觉得挺可爱呢。

《海的女儿》

这篇算是安徒生的代表作了。说起来，我对安徒生的喜爱远远大过格林，无论你认同不认同他的价值观，都不得不承认这个为童话单身了一辈子的男人真的在用灵魂写故事，每一个人物都有血有肉。

这个故事其实让人略感沉痛，一个美人鱼甘愿为一个不曾相识的王子化成了水泡，怎么说都谈不上圆满，可那种对爱情不求回报的付出却让人感动。人会被爱情冲昏头脑，美人鱼也不例外。

这世间最纯粹的爱莫过于不求回报，只是单纯地对他（她）好。东野圭吾在《嫌疑人×的献身》中说：“逻辑的尽头，不是理性与秩序的理想国，而是我用生命奉献的爱情。”石神哲哉连一句“我爱你”都没有说出口，可是在爱情面前依然义无反顾。或许爱一个人到极致境界就应该如此吧，当然那种以自残为手段胁迫他人的混账不在其列。如果我有女儿，虽然并不希望她为爱飞蛾扑火，可是我依然单纯地被这个故事感动。

《小王子》

《小王子》据说是发行量仅次于《圣经》的书，是真是假无法考证，但是你的确可以把它当作一本爱的《圣经》。

“如果你驯养了我，我们将会彼此需要。对我而言，你将是宇宙的唯一，我对你来说，也是世界的唯一。”

“你有一头金发，如果你驯养我，那该有多么美好啊！金黄色的麦子会让我想起你，我也会喜欢听风在麦穗间吹拂的声音。”

“我会住在其中一颗星星上面，在某一颗星星上微笑着，每当你仰望星空的时候，就会像看到所有星星都在微笑一般。”

关于这个故事，有太多太多的解读，玫瑰、蛇、狐狸、点灯人、酒鬼、地理学家……每个角色都是一个重要的符号象征。作者圣-埃克苏佩里写完故事不久就出了事故，驾驶着侦察机永远消失在了世界的尽头，《小王子》于是成了绝唱。

回归故事的本质，它最大的意义就是教会了我们爱与责任。无论你爱的是玫瑰还是狐狸，他们都是这个世界上的唯一。

《比波王子的故事》

这本可能大多数人连听都没听过的童话故事书，才是我的最爱，尽管它的读者也许连《小王子》的千分之一都不到。

这是一本长长的、充满了隐喻的故事书，作者试图带给孩子们的，不是一个白雪皑皑、无忧无虑、欢声笑语的美丽王国，而是撕开人性假面后疲态尽显的甚至有些丑陋的成人世界。

比波王子是自带光环降生于这个世界的，他区别于其他小孩的特点是拥有“心想事成”的神奇功能。但是很快你就会发现这也是作者忽悠我们的，他并没有一根轻轻一点就能“变大变小变漂亮”的魔法棒，他和普通人一样，所有的梦想都要通过自己的努力去实现。

15 岁那年，因为一意孤行要翻越火山，王子开始了一段神奇的旅行。一路上，他遇到了虚情假意的朋友，误入了号称“人人都是国王”的独裁国家，被迫穿上军装。从军路上，他杀掉恶龙，自己却变成了恶龙。为了预知未来，他来到图书馆翻阅自己的人生大书，却发现一切戛然而止在进来的那一刻，未来，还要靠自己去书写。

故事的最后，比波王子带着公主终于回到了家乡。在王宫，他以为看到了自己的父亲，却发现自己只是在照一面镜子。人生，就那么一代代轮回。

原来，这不是一个别人的故事，这是我们自己的故事。

Chapter 7

你是要钻石，还是要爱

真正的仁者，

见自己，见天地，见众生。

先对这个世界有足够的尊重，然后再来谈爱。

田蕊妮的逆袭

不看港剧的人，甚至不知道她是谁。相比之下，她老公的名气倒是大得多，没错，就是那个因为与内地人骂战而遭到抵制、影片几乎创下最低票房纪录的男演员杜汶泽。

但就是这个生于1977年、今年已经37岁的前亚视女演员，在2014年的TVB万千星辉颁奖典礼上凭借《巨轮》里的女二号姚文英力压无线力捧的当家花旦钟嘉欣，一举夺得了双料视后。

田蕊妮外号大块田，仅听这个名字就知道不是美女，注定走不了偶像派的路线。当年凭借唱歌比赛得奖出道的她没当成歌星，却走上了演艺道路。

最早知道田蕊妮，是在20世纪90年代末一部叫《纵横四海》的电视剧中，据说这是亚视历史上罕见的收视率超越同期TVB的电视剧，女主角是周海媚和正当年的亚姐杨恭如。田扮演一位单纯的富家女，义无反顾爱上谭耀文饰演的奸角，被对方当作事业的跳板，最后惨死在其刀下。虽然是富家女，但是田的造型颇为土气，唯一吸引人的是那双大眼睛，无辜的眼神博尽了同情。

田蕊妮在亚视期间参演的另一部颇有人气的电视剧是《美丽传说》，仍然是女配角，主角是港姐陈法蓉和艳光闪闪的李丽珍。田的长相依然排不上号，就连同样是女配角的陈炜都能甩开她一大截。不过如果你问这部剧哪个角色最令人印象深刻，那一定是田蕊妮扮演的那个为了上位不择手段的模特孙琳琳。

再后来很长一段时间都没有再听到过她的消息，唯一一次在报纸上见到她的名字，是关于她嫁给了杜汶泽。亚视还真是个好媒人，张家辉与关咏荷、江华与麦洁文，还有后来的杜汶泽与田蕊妮，都是在亚视相识相恋的。

说起来，田蕊妮在亚视演过不少剧，也算是当家花旦之一，不过相比 TVB 同期的四大花旦，田的名气实在是小了许多。回顾 50 多年的香港电视史，无线和亚视的争斗本身绝对是一部比两台出品的任何电视剧都更加有看头的时代大戏。只不过流水落花春去也，亚视终究不敌无线，90 年代尚能拿出几部过得去的作品，到了 2000 年之后已经式微，几经易主也无法力挽狂澜。如今的亚视一年拍不了一部剧，靠反复播 17 年前的《僵尸》撑场面，难怪江美仪会在 TVB 颁奖典礼上感慨自己从一个没人看的电视台来到一个有人看的电视台。不过如今的 TVB，也已不复当年盛况。号称新《壹号皇庭》的《法外风云》更像是两个视帝在过家家，打着金融商战名义的《点金胜手》不过是一部三观奇葩的伦理剧。

亚视过档无线的女艺人中，以万绮雯、陈炜、田蕊妮、江美仪四人名气最大，所以被称为“亚视花旦四人帮”。听起来好像是个组织，其实四人私下交情一般，田蕊妮和万绮雯经常被媒体传不和，最流行的一个说法就是田蕊妮眼红万绮雯。

一直不觉得万绮雯有多美，但是如果比星路，万绮雯真是要顺太多。万绮雯是亚姐出道。跟港姐比，亚姐的名声一直都不太好，万算是其中难得的洁身自好者。万绮雯在亚视期间，一直是当仁不让的一姐，且不说马小玲的角色有多深入人心，亚视 90 年代 10 部经典剧里，至少有 7 部是万绮雯主演的。2011 年万绮雯过档无线，第一个角色就是《老表，你好嘢》里的女一号。当时媒体全部盛赞万绮雯，然后就拉出田蕊妮来做陪衬，讲万绮雯在 TVB 多得宠，视后已经近在眼前。其实对 TVB 稍微了解点的就知道，TVB 真正的重头戏都排在下半年，越临近台庆，越容易拿奖，比如《大太监》刚刚播完就拿奖了，而《My 盛 Lady》更是还没播完黄子华就先拿了视帝。反倒是台庆后播出的剧大多是炮灰，《老表》的收视率的确不错，但并不受 TVB 的真正重视。此是题外话，不多说。

反观田蕊妮，真的是自己很艰难地走出来的。田 2006 年就转投了无线，开始就演演宫女、奸妃之类的小配角，到2010年才熬到《读心神探》里演女一，封后前的戏多以女二、女配为主，直到接演《巨轮》。

《巨轮》是 TVB 最近几年来难得的好剧，有些《大时代》的感觉，讲述了两兄弟半个世纪的浮沉，“借离合之情，写兴亡之感”。时代是一艘巨轮，每个弄潮儿都无从逃避，是站在上面乘风破浪，还是在底下被碾轧撕碎，不可预知的命运在时代的影响下发生着翻天覆地的变化。

这部剧采用的是 TVB 惯用的“双生双旦”制，不过明眼人都能看出来，真正的女主角是被无线力捧的钟嘉欣，田蕊妮只是一个女二。但是她塑造的姚文英实在太成功，最后钟嘉欣反倒成了陪衬。印象最深的一场戏是为了帮威信追回被朋友夫妇骗走的钱，姚文英骑在对方的身上，一巴掌一巴掌地抽过去，打得酣畅淋漓，大快人心。看这场戏时，我总觉得田蕊妮抽的不是宋熙年，而是自己出道20年郁郁不得志的一口怨气。

凭借这部剧田蕊妮得了TVB的双料视后，在意料之外，也在情理之中。没有人想到，TVB真的舍得把奖颁给非亲生的亚视帮。那一晚田蕊妮哭得稀里哗啦，几乎有点失控。TVB此前也有几个大器晚成的例子，比如罗嘉良、郭晋安，最经典的还是黎耀祥，演了一辈子小角色，人到中年才算熬出头。不过女明星中，田蕊妮还真是破天荒的头一个。

TVB向来阴盛阳衰，铁打的小生流水的花旦。黄子华1999年《男亲女爱》里的荧幕恋人是郑裕玲，2004年《栋笃神探》里换成了蔡少芬，2009年《绝代商骄》里女主角是当时独当一面的花旦佘诗曼，到了2013年《My盛Lady》时则是新生代里的主力军徐子珊，一个比一个年轻。比郭晋安还小1岁的曾华倩想当年演过对方的妹妹和情侣，到了《古灵精探》里，男的还是那个年轻英勇的神探，曾就只能沦落到演人家的姐姐。不过最夸张的还是曾经在梁朝伟版《鹿鼎记》里演阿珂的商天娥。阿珂啊，《鹿鼎记》里最美的那个有木有！可是到了2004年，商天娥就只能沦落到演只比她小5岁的郭晋安的妈！那时的商也不过45岁。同样待遇的还有80年代的当红花旦陈秀珠，到了90年代就只能演演人家的大姨妈之类的。所以女明星要是上了岁数，想出头简直比登天还难。

但是田蕊妮居然上位了！

《忠奸人》是TVB今年主推的一部大戏，让田蕊妮来演女一，当真是对她非常非常之看重了。单从相貌看，眼角皱纹难掩的田蕊妮实在不太适合再演二十七八岁的年轻女孩，但是田的演技把年龄上的不足全弥补了。当被冤枉的谭美贞在法庭上大喊自己无辜的时候，撕心裂肺的程度仅次于当年《义不容情》里的蓝洁瑛。

TVB历来不缺花旦，缺的是独当一面的青衣。去掉已经离巢的陈法拉，TVB五大花旦变成四大花旦，但是相比90年代的四大花旦，新四大花旦实在不太成气候。佘诗曼走后，TVB一姐的位子就空出来了，凭实力上位的田蕊妮等来了她最好的机会。

其实香港那么多女明星，为什么要单单八一个田蕊妮，因为我总觉得她的人生非常励志传奇。就像《难兄难弟》里吴镇宇扮演的谢源总结的：有些人没天分、没实力、有运气，像他自己；有些人有天分、有实力、没运气，就像罗嘉良扮演的李奇。田蕊妮明显属于后一种。但是一个人不会一辈子都没运气，只要你自己不放弃。倒是曾经被无线力捧过的苟芸慧和马赛，有青春、有长相，只是如今一个自暴自弃、发福如水桶，一个三天两头就传出点负面消息，如今已被无限期雪藏，过早透支了自己的资本，实在可怜可叹。

人生就像一部剧，只要一天不落幕，谁也不知道剧情的下一步。

53 岁的不老女神关之琳，前半生是笑话，后半生是赢家

淡出公众视线许久的关之琳因为宣布离婚再次上了头条，有人挖出了她既往的黑历史大赞活该，有人慨叹大美人明明抓了一手好牌，却烂在了手里。不过这一切，对于天命之年的关之琳来说，都已经不再重要了。

20 岁时，她做的一切都是为了钱

香港人口有限，美女更有限，看看最近几年的港姐素质就可见一斑。所以有两个美人，成了无法超越的神话，一个叫李嘉欣，一个叫关之琳，往往被媒体放在一起做对比。

这些年李嘉欣如愿嫁进了许家，摇身一变做了豪门阔太，过往情史慢慢鲜有人提及，再出场，总是大谈相夫教子之道，一副贤妻良母的扮相。相比之下，昔日情敌关之琳的情路就坎坷得多，富商嫁不成，姐弟恋不成，年近50认识了富商陈泰铭，屡屡传来好事近，最后却是离婚的讯息。

张爱玲说：“一个女人，倘若得不到异性的爱，也就得不到同性的尊重。”

年轻时的关之琳，明眸善睐，美得动人心魄，哪里还需要什么演技，单单往镜头前一站，就成了一道绝美的风景线。这样的美人，是无心在娱乐圈恋战的。20岁时遇到大自己18岁的富商王国旌，天真地以为找到了一生所依，不顾父亲自杀相逼也要嫁进来，连戏也顾不得拍了，当起了全职太太，结果却是半年后的离婚收场。

关美人并没有吸取教训，之后的桃色新闻，一件比一件精彩。先是介入“小青”陈美琪的婚姻，导致对方流产离婚，后与李嘉欣二女争一夫。

彼时的关之琳，爱财爱得倒也坦率，她有一句名言：

我做的一切都是为了钱，包括第一次婚姻。

坐拥5个亿，她是传说中的“人生赢家”

一个为了钱什么都做的女人，再美也难免被人瞧不起。每每有关之琳的负面新闻爆出，总是有读者如陈美琪娘家人一样，带着大仇得报的快感拍手叫好：活该！不过也有人站出来一脸鄙夷地说：你们懂什么，关之琳才是地地道道的人生赢家。

关美人选男人的眼光或许不佳，投资眼光却犀利独到，单单靠炒楼，已经累积了近5亿财富，如今还做起了自己的护肤品牌，是圈内公认的既会赚钱又会理财的女明星，并不似外人眼中的落魄不堪。

再后来，关之琳开始被拍到和富商陈泰铭出双入对，中间屡屡传出婚讯，又被情变的消息打破，直到关自己站出来，直截了当地说：我们不是分手，是离婚。干脆利落，断了所有人的联想。

知天命的年龄，她选择掌控自己的人生

53岁的关之琳说出这句话，是需要一些勇气的。

年轻时的关美人，有颜，有钱，却没有自己的人生。为了嫁入豪门，她什么不堪都能忍，如日中天的事业抛得下，二女事一夫的屈辱受得下，宝咏琴（刘銮雄前妻）当众给她难堪接得下，换来的却是竹篮打水一场空。

30 年后的关之琳，年华消逝，负面缠身，难得有富豪肯娶，双方又年龄相当，最该将就着把自己嫁出去，把一张长期饭票守到死的年龄，却不再甘心用一份不对等的婚姻束缚自己，像李嘉欣一样安安分分做一个阔太——她想掀开一直被命运扣着的那张牌。

据说，两个人离婚的原因很多：女方不满男方和其他异性有交往，女方和男方的女儿不和，男方不肯公开二人关系，男方希望女方能够放弃事业回归家庭……但偏偏没有一条是因为钱。

关之琳这一次很有骨气，她潇洒地来，潇洒地离开，宝马、豪宅统统还给了对方，什么也没带走。到了知天命的年龄，她只想平等地谈一场恋爱。

若说这婚离得全无心机，倒也小瞧了关美人。离婚消息恰好选在了关之琳自家护肤品的品牌活动上发布，既撇清了和陈的关系，又为自己的产品做了宣传。

《奇葩说》曾有道经典的辩题：漂亮女人应该拼事业还是拼男人？ 20 岁和 50 岁的关之琳也许会给出不同的答案。

突然想起了亦舒的名句：

最希望的是爱，很多很多爱，如果没有爱，钱也是好的。

一个曾经活在男权阴影下的女人，正一步一步走向属于自己的女权之路。

昨天，关之琳做客《康熙来了》，没有了当年青春娇艳之美，却多了一份成熟优雅从容。和20岁时比，53岁的关之琳更让人惊艳。女人想选择自己的人生，多少岁都不算太晚。一个能掌控自己命运的人，就是人生赢家。

当我们和陌生人撕逼时，我们在撕什么

“撕逼”时时有，夏天特别多。不知道是谁发明的这个词，粗俗至极，也到位至极，精准传达了两个人从愤怒到爆发的全部过程。

世间撕逼千万种，从动机出发，可以分为为情撕、为财撕、为名撕、为言撕；从手法出发，可以分为文撕和武撕；按人群划分，则有仇人撕、亲人撕、朋友撕、熟人撕和陌生人撕之分。

仇人撕自不必多说，他们连相见都眼红，注定要有一撕。亲朋好友之间的撕比较令人惋惜，但撕逼前想必积怨已深，冰冻三尺，绝非一日之寒。

最不值的还是陌生人之间的撕逼。你不认识我，我不认识你，两个人远日无冤，近日无仇，大道通天原可各走一边，偏偏就碰到了一起。

我目睹过的比较有趣的一次撕逼发生在3年前的北京地铁10号线，两个男人在门口开展了一场无限循环模式的骂战：

“你是个大傻×！”

“有本事你再骂一次！”

“你是个大傻×！”

“有本事你再骂一次！”

……

在听对方骂了自己几十遍“大傻×”后，被骂的小个子男人终于意识到了这并不是一件值得享受的事情，他愤怒地蹦出了一句：“你信不信我终止你的旅行！”

这样的文撕在地铁里并不多见，尤其是发生在两个男人之间，大部分时候是拳拳到肉的武撕。顽强的小个子男人无疑是为了自己的尊严而战，可是一场毫无意义的对骂并不能给他赢得任何尊严，倒是最后这句话留给了我终生难忘的印象。

为了抢座位，两个女人可以手撕对方，上演扒衣大戏；为了抢道，男司机把女司机从车里拎出来怒打；为了网络上的一言不合，两个原本毫无交集的公知就能到朝阳公园约上一架；为了一句话，一个陌生人就能怒起杀机……

没有爱恨情仇，也没有金钱纠葛，陌生人撕逼，从来无关利益，随便一根导火索就能轻松点燃，而引爆的情绪却比杀父之仇、夺妻之恨来得更加猛烈。

为了证明自己不是人尽可欺的软柿子，为了证明自己是血气方刚的真汉子，拿出了性命都不要的架势。好像只有酣畅淋漓地撕上这么一场，才能直抒胸臆。

说白了，当我们和陌生人撕逼时，我们撕的是一口堵在胸口下不来的气。

若论近期最火的社会新闻，莫过于“火锅加汤”事件，女食客和服务员一言不合，竟被其用滚烫的开水从头浇到尾，烫成重伤。一个一生伤痕难平，一个一只脚已经踏入了监狱大门，你说谁赚了？伤敌八百自损一千，在撕逼的战场上，没有人是赢家。

别试图用理性去解析一场陌生人之间莫名其妙的撕逼，他们的情绪显然已经被飙升的肾上腺素所取代，失控到了连自己姓什么都不记得。

每个人心中都住着一个恶魔，当理智被仇恨所取代时，恶魔就出来了，所以我们才需要紧紧守住那一点理性之光。能用“对不起”解决的，尽量不用拳头解决。

曾经见过一对开奥迪的夫妇因为一点剐蹭追打一位出租车司机，司机处处退让，夫妇步步紧逼，男人突然发飙，一巴掌一巴掌抽起出租车司机，看得人气冲丹田，恨自己没有鲁智深拳打镇关西的勇气和实力能去打抱不平。

故事以司机的忍让而告终，回来的路上我却义愤难平，好像每一掌都抽在我的脸上。我一遍遍问自己为什么这么懦弱，又恨比男人高出一头的司机为什么就是不还手，久久不能平息。可是如今时过境迁我再回想，竟佩服起他的勇气，为了一份饭碗、一家人的生计，克制、隐忍，将这一份委屈吞在肚子里。

这并不是最好的处理方法，面对暴力伤害，我们提倡的是在法律范畴内保障自己的权利，司机完全可以选择报警。但是或许真的不介意，或许生活的担子压得他没法去介意，他还要继续赶路，继续拉客，继续前行。

任何时候，都别让一个陌生人终止你的旅行。

这个世界不是有“爱”就会变好

今天早上看到一条新闻，教师老唐带着自己8岁的女儿开了一辆破皮卡自驾去青藏线做儿童援助，却遭遇来自万科的豪华援助车队野蛮超车，险些被撞下悬崖。老唐理论不成反被围殴，开着宝马、路虎的万科援助队指着老唐破口大骂：“开个破皮卡也配做公益，我们援助了一个学校！”

这个世界其实没那么缺“爱”，倒是有时候爱太泛滥，自由无处盛放。

前些日子写了一篇呼吁家长提高素质的文章，立即招来骂声如潮。有人说，你怎么能和孩子计较呢？有人说，你自己没孩子呢，有什么资格说我们。还有人，恶狠狠诅咒了我的祖宗十八代。

无独有偶，前几天《人民日报》官方微博爆出一个小孩划伤了十几辆车，其中不乏上百万豪车，家长不仅不认错，还态度蛮横。下边的评论居然一水在骂车主：小孩子又不懂事，你开得起上百万的车，难道花不起几万块修车吗？

这大概是天底下最爱孩子的一群人了。

我爱猫、养猫，闲时还会去小区喂喂流浪猫，但是不混各种猫咪论坛已久，因为我养的是一只“见不得人的”美国短毛猫。很喜欢和一些善良的爱猫人交流，正是有了他们，许多小小的、卑微的猫生才有了延续的可能。可是我依然没法面对那些视猫权高于一切，凡养纯种猫即被攻击爱慕虚荣，一言不合可能人肉你全家的极端爱猫人士。

这两天在网上看到一个“因领养流浪猫和本地爱猫人士闹翻”的帖子，女主角从爱猫人士A处领养了一只流浪猫，和自己养了两年的异国短毛猫加菲做伴，结果加菲被抓得伤痕累累。女孩心疼之下想把流浪猫送回去，并愿意为它提供猫粮等物资，直到找到下一个领养者，却遭到A和同伴们的强烈反对。

他们提出，女孩要么把加菲送走，要么交出几千元的抚养费，证明自己不是爱慕虚荣才送走猫。女孩不允，竟被扣上了虐猫者的罪名，连信息都被发到了网上，随后更是发生了一连串谩骂、诅咒、要挟甚至大打出手的闹剧，直到警方介入方才收场。

这样的场景是不是似曾相识？这大概是天底下最热爱小动物的一群人了。

今年是反法西斯战争胜利 70 周年，可是纳粹并没有消失，他们如今卷土重来，还披着一层爱心的外衣。

村上春树有句名言令无数追求正义者热泪盈眶，他说：不管那高墙多么正当，那鸡蛋多么咎由自取，我总是会站在鸡蛋那一边。

这句话的本意是抵抗强权，却被无数打着为“弱者行权”旗号的人拿来，变成了新的强权。

没错，我们是一面面高墙，和大人相比，孩子是鸡蛋；和人类相比，小动物是鸡蛋。于是只要打着鸡蛋的名义，一切肆无忌惮的伤害都应该理直气壮地被原谅。可是正义善良的人们啊，谁给了你们操纵鸡蛋去砸墙的权利？

新纳粹是一个拥有二进制世界观的群体，他们强迫他人认同自己的 0，所有的 1 都是恶人、敌人，他们挥着爱心的大棒殴打一切与他们不同的异类。

这是一群穿着正义铠甲的救世主，他们可以任自己的孩子随地拉尿，在高速路上拦车，在微博上骂人，把流浪猫狗扔到宠物医院不付钱，把陆龟放生到湖里，把眼镜蛇放生到景区，强迫被捐助的孩子们摆出幸福的表情和自己拍照放在社交网络……

他们披上爱心和道德的外衣，将法律、底线和人权统统都踩在脚下，然后被自己的高尚感动到落泪。

说来多可笑，世界上最早、最完备的小动物保护法出自于杀人如麻的纳粹政府，而这部法令的签署者希特勒正是一个爱狗人士。

说到底，这群人爱的只是自己，他们把自己的喜好投射到每一个角落，以期获得一种畸形的满足感和优越感。

这个世界上，有真正的慈善家、真正的动物保护者，有些人为了爱心事业甚至倾其一生投入所有，只要不伤害到他人，所有的付出都值得被尊重。可是在新纳粹们的身上，能看到的只有戾气十足的伪善和邪恶。

请别再侮辱“爱心”这两个字，爱心爆棚也好，母性光辉迸发也好，总归要有一个合适的尺度，不是爱我所爱，其他统统可以伤害。

真正的仁者，见自己，见天地，见众生。先对这个世界有足够的尊重，然后再来谈爱。

苟富贵，无“相望”

公众号“首席娱乐官”的两个女合伙人吵架成了互联网上闹得沸沸扬扬的大事件。一个悄悄改了后台登录密码，另一个更狠，直接把订阅号升级成了服务号。

给不了解公众号功能的人普及一点小常识：升级服务号后，每月只能推送 4 次，对于靠内容拉广告活着的新媒体运营者来说无异于自寻死路。

原公众号本来也没太多点击，据说这没多少的点击里还掺了点水，曾因拖欠刷阅读费用被供应商追债到媒体群里，结果吵架的声明一出倒刷爆了朋友圈，火了。

靠吵架而火，似乎是互联网时代的又一怪现象，过去是家丑不外扬，最多是借助七大姑八大姨的嘴传出点未经证实的小道消息。现在是恨不得把对方的底裤扯下来，撕他个天崩地裂。

有人感叹说，女人可以一起花钱消费，但是不能一起创业。说这话的不用想也是男人。其实关女人什么事呢？男人也许不会心细到改密码、升级账号，但是那股欲置对方于死地而后快的狠劲儿可是大过女人几千倍。

最近总写错别字被读者批评，不过这次的题目并没写错，原话应该是“苟富贵，无相忘”，语出《史记·陈涉世家》：

陈胜者，阳城人也，字涉。吴广者，阳夏人也，字叔。陈涉少时，尝与人佣耕，辍耕之垄上，怅恨久之，曰：“苟富贵，无相忘。”佣者笑而应曰：“若为佣耕，何富贵也？”陈涉太息曰：“嗟乎！燕雀安知鸿鹄之志哉！”

可惜陈胜自己富贵后并没遵守承诺，早年种田的老乡从登封赶到陈县来投靠，敲了半天门也无人搭理。秦还没亡，当初陪他揭竿而起的合作伙伴们就已经走的走、杀的杀，陈胜自己也没落个好下场，死在了车夫庄贾手里。从起义到被害，还不到半年时间。中国农民革命史上第一个吃螃蟹的人最终没有吃到螃蟹，反而被蟹钳夹死了。

类似的例子太多，一本《上下五千年》，通篇都是昔日兄弟们反目成仇。远到刘邦、朱元璋、太平天国，近到如今的互联网创业者，狡兔死、走狗烹好像是必然的结局。

不要说“无相忘”，就连“相望”都是难事。其实无法相望的又何止朋友之间，连夫妻都是一样靠不住的。贫贱夫妻百事哀，富贵了连夫妻都做不成，宁愿回到贫贱。

真功夫的创始人潘敏峰和蔡达标青梅竹马，为了结合不惜私奔与家人翻脸，筚路蓝缕从街边的甜品屋起家，艰难创业，结果生意是做到了全国连锁，情分却一点点撕没了，最后闹到要对簿公堂。

贫贱之交，是这个世界上最经不住考验的感情。

俗语云，患难见真情，那大概只适用于一个人从大富大贵突然跌到了谷底，运气好的话，还有那么一两个不离不弃的朋友。遇到这样的，他日东山再起，请一定不要忘记人家。

若两个人自始至终都在共同厮守贫穷，那不是真情，而是抱团取暖，抱得再紧也是无奈之选，因为选择实在太有限。盘点中国史上几次大规模的离婚潮，无论是新中国成立后的干部进京，还是“文革”后的知青回城，都是人性面对诱惑增多时的本能选择。他们的原配，哪个不是患难时相互扶持着走过来的？

年轻的姑娘们最容易被廉价的爱情盲目感动，只有 100 块就敢给你花 99 块，并不一定是爱你的表现，等到有了 100 万，可能一个子儿都花不到你头上了。倒是能在身价百万的时候给你 1 万的人，有了 1000 万至少也会给你几十万。

历史是一面特别好的镜子，为什么农民起义特别容易失败？因为他们见识的太少，突然得到的又太多，太容易被眼前的一点蝇头小利所蒙蔽，大敌还没压过来，自己人已经分崩离析。

不是说精英阶层就意志坚定久经考验，而是一个吃惯了鱼翅的人不太会觉得粉丝是美味，诱惑他们需要的成本更高。

无论是选择合伙人还是人生伴侣，最怕的就是找到这类人，他们可能有魄力、有才华、有能力，甚至还颇有魅力，可是偏偏没有“富贵不能淫，贫贱不能移”的定力。今天为了一个馒头可以上战场抛头颅，明天为了一块肉就能出卖队友。你以为是找到了一只潜力股，其实是给自己未来的人生埋下了一颗定时炸弹。一起打完土豪，田地就轮不到你来分了。这其中也分段数高低，段位越高，越沉得住气，先“团结一切可以团结的力量”，等到江山坐稳的那一天再把你打成“牛鬼蛇神”；段位低的田还没分到，逼就已经撕开了，最后什么都捞不到。

苟富贵，相忘易，相望难，利益分配不均了闹分家，本也不是什么解决不了的事，最怕是吃相太难看。开头说的这对闹翻的合伙人，公众号做得不算大，据说决裂时也不过刚刚嗅到了一点资本的味道，别说八字了，“龟”字都还没一撇呢，彼此就按捺不住了。

真若有个千万亿万的倒也罢了。最近几个业内公认的还不错的大号首轮也不过融了300万，即使参照这个标准，也不算什么巨资，都买不了北京五环边上一套两居室。莫说什么电商大佬，就是那些单靠广告费就能年入上千万的网络大V们都不会把这笔钱太放在眼里。可就是这还在镜花水月里的几百万，让一对原本“志同道合”的媒体人翻脸了。

短短两天时间两个人争相在各自的小号接力式地一篇又一篇发声明，比8点档的狗血剧还精彩，最后生生演变成了一场泼妇骂街。后来连看热闹的人群都渐渐散了，当事人还在没完没了地击鼓鸣冤。面子、里子全在这一来二去里撕没了。钱没拿到手，先拿着共同的事业做陪葬，照着一拍两散的节奏，争相把对方往死胡同里赶。不只可悲，而且可笑。

一个有大智慧的人，不太会把因果得失都摆在明面让全世界人围观，即便一段关系走到了山穷水尽，也能在分岔路口礼貌地说一句：一路走好。赵匡胤不动一兵一卒，杯酒就释了老将们的兵权，为对方留一份尊严，也给自己挣得了一代明君的体面。换句话说，不把别人逼上绝路，就是给自己留一条后路。山水有相逢，谁又能保证不会有再见的那一天呢？

最后说一句，擦亮双眼，好好给自己找个合伙人吧。

多少颗限量版钻石都比不上一个有爱的世界

曾有人问，你希望自己的孩子成为什么样的人？我脱口而出：扎克伯格。一丝犹豫都没有。当然，这不过是一个美好的愿望，我也绝不会越俎代庖替子女规划出任何一条“我希望的”人生路。每个孩子都有权成为自己想要成为的那个人，只要他有健全而独立的人格，选择什么样的路都应该被鼓励、被尊重。

生子当如扎克伯格，绝不是因为他的富有，尽管他真的富可敌国。

和其他富豪比，扎克伯格一直都是一个另类。天天围在王思聪、汤珈铖的微博上喊老公的女孩们，应该没有太大的兴趣找一个扎克伯格这样的老公，即便他比他们还要有钱得多。没有一个顶级富豪过着像扎克伯格夫妇一样清汤寡水的生活，没保镖、没豪宅没绯闻，开一辆折合成人民币都不到 10 万块的车，和娱乐圈、时尚圈永远绝缘。

知乎上一个女人发帖问：相亲遇到的穿 T 恤、拖鞋挤地铁却号称年薪 60 万的程序员是不是骗子？有人回复说：你看看扎克伯格。

明星往往难摘偶像包袱，资产则是一个富豪头上的紧箍咒，久而久之，快乐还不如普通人多。只有一个不被金钱名利奴役的人，才能有一颗真正自由的灵魂。

如何避免成为金钱的奴隶？首先，你要很有钱；其次，你要根本不在乎钱。做到第一点很难，做到第二点几乎是对人性的挑战，尤其是在仅仅 31 岁，普通人还远远没有看够、玩够、作够的年龄。

不知道为什么，我想起了另一个富豪刘銮雄。除了都有花不完的钱，两个人恐怕再难找出什么相似之处。一个出席任何场合都只穿一件灰 T 恤，一个把自己全身包裹在限量版的爱马仕里；一个娶了自己大学时代的女朋友，一个睡遍了全香港的女明星；一个只有做慈善时才难得上一次头条，一个是八卦杂志的常客。按照世俗的眼光，大刘过的才叫真正有钱人的生活，否则辛辛苦苦赚钱干吗？

如今，他们又多了一个共同点，那就是都做了父亲，都是出了名的爱女儿，只不过，爱的方式大相径庭。

刘銮雄向女儿表达父爱的方式一如当年泡女明星一样简单粗暴：不停送钻石——一颗重达 12.03 克拉的稀有蓝钻就价值 4 亿港币。女儿刘秀桦年仅 7 岁，身价却高达 12 亿之多，全身上下珠光宝气，连新闻标题用的字眼都是“羡煞旁人”，网友的评论留言全是恨自己没有投对胎。

可是这样的一份爱，真的很厚重吗？对于一个有钱人来说，送钱是再简单不过的事情。也许你会说，不要吃不到葡萄说葡萄酸，这份福气普通人几世也修不来。但是在一个 7 岁小女孩的世界里，她需要的并不是这些不能吃也不能玩，只能锁在保险箱里的“彩色玻璃”，而是像所有同龄的女孩一样，有一个幸福的家庭，一个能每天回家陪自己玩、给自己讲故事的爸爸。

身家是刘銮雄几倍的扎克伯格也送了女儿一份礼物，他宣布，将自己与妻子持有的市值约 450 亿美元的 Facebook99% 的股份捐赠给慈善机构，用以发展人类潜能和促进平等，同时休假两个月陪伴女儿。

在给刚刚出生的女儿 Max 的长信中，他说：比起给你留下更大的一笔财富，我们更希望你能够在一个更美好的世界中长大。爱你，就是把全世界的爱都给你。

看着扎克伯格晒出的夫妻合影，浓得化不开的恩爱隔着屏幕都能溢出来。一直很反感新闻报道加在普莉希拉身上的形容词：其貌不扬、相貌平平……在这个看脸的时代，好像富豪就非明星嫩模不娶，她嫁给他，是天大的高攀。事实上，再没有比他们更般配的夫妻。她和他学历、家世、世界观全部相当，她陪他走过创业低谷，鼓励他回馈社会，就像舒婷的那首《致橡树》里写的，他们是以树的姿态站在一起。

再反观香港娱乐八卦中为数不多的刘銮雄与甘比牵手逛街的照片，甘比永远是一副低眉顺眼、战战兢兢、唯唯诺诺的苦相。流连花丛、左拥右抱的刘銮雄，甚至连一个健全、美满的家庭都给不了女儿，很难想象一个在畸形环境中长大的女孩，长大后该如何去学会爱、拥抱爱。

父母之爱子，则为之计深远。每当看到富二代吸毒、飙车、炫富的新闻，就会想起《触龙说赵太后》里“富不过三代”的理论。这个理论常常被验证，总是听周围某某某感慨：想当年我曾爷爷富可敌国，家里良田万顷，奴婢几百，后来却家道中落，一分钱都没留下。有个朋友的表妹不到 20 岁，父母相继暴病身亡，留给她几栋别墅和千万财产，结果还不到 5 年，女孩已经沦落到借债度日。

不是没有例外，古今中外都有三代以上皆是名门的望族。财富能否传承的关键是你为孩子树立了怎样的价值观，你想把全世界的财富都留给他，最后却什么都留不下。你教他学会爱与责任和独立生存的能力，就是给了他一整个世界。

最近两年关于养孩子的争议一直闹得沸沸扬扬，有人说穷就没资格养孩子，既然不能为孩子提供足够的物质条件，何必让其生下来就受苦。可是富如刘銮雄，同样没什么资格。爱与财富的多寡无关，金钱从来都不是一个人获准成为父母的入场券。

再多的蓝钻也不能换来永恒，你可以没有很多钱，但是请给你的孩子温暖的家庭、健康的身体、长久的陪伴和足够多的爱。

面对求助，要不要“致贱人”

咪蒙一篇《致贱人，我凭什么要帮你》一度刷爆了朋友圈。这些年，爆文我见得多了，自己也算写过，但是一篇文章一天阅读量突破 200 万，涨粉 20 万，还是只能用“活久见”来形容。

各种反驳的文章紧随其后，也占领了朋友圈。大家写来写去，也还是在骂贱人。前者骂求助者，后者骂拒绝别人的被求助者。通过这些文章你会发现，世界上其实只有两个人，一个是“我”，另一个是“贱人”。“我”之外，他人皆是贱人。

说到底，人们反感“贱人”，根源在于你无法面对不想帮助此人与“举手之劳”助人为乐之间的失调，而只有将一切归结为对方是“贱人”的时候，才能获得解脱：不帮此人，不但没有了内疚，甚至还有点替天行道的意思。

我们每天都在被“贱人们”滋扰的同时，也在充当着他人眼中“贱人”的角色。人们面对自己的问题时喜欢“情境归因”，面对他人的问题时则偏向于“人格归因”，于是当你求助于人时总会说：我这是情非得已，面对他人的求助时则嗤之以鼻：呸，贱人！

不得不说，骂娘也是需要有天赋的。咪蒙的文章就像开塞露，专制千年老便秘，给人一种一泻千里的畅快感。人们在生活中积累的戾气，想要在网络中寻一个出口。看到一篇如此酣畅淋漓的讨伐檄文，真是不转不快。不过有便秘之痛的同学大概都知道，开塞露治标不治本，想解决问题，还得调理肠胃去。

如今为了吸引转发关注，各路自媒体真是蛮拼的，题目铆足了劲儿往惊悚里起，语不惊人死不休，想方设法挑起人们心中的“泄粪”欲望。每天看朋友圈，我都心惊肉跳。比起“畜生，不要脸”“转死她”“曝光死这个禽兽”“不转不是中国人”这些不堪入目的题目，“致贱人”还算文雅的。

我曾经试着见一个转的拉黑一个，不过很快就发现实行不下去了，因为我自己的老妈自从有了朋友圈，就最爱转这些东西。我猜她每次转，都认为自己是正义的美少女化身，代表月亮消灭这些需要被“转死”的人渣。

究竟从什么时候起，我们连好好说话都不会了？以撕扯爆粗为荣，以提倡素质为耻，稍稍不慎，一顶“圣母婊”的帽子就扣过来了。圣母成了比傻×还狠的骂人词：你才是圣母，你们全家都是圣母。天赋人权和平等博爱本来并不矛盾啊，怎么一夜之间就成了不共戴天的仇人？

在这个赞美真性情的年代，大家都轻轻松松卸下了“圣人”包袱，争先恐后标榜自己“真小人”。于是你发现，他们真的没有谦虚，他们处处扬起“人不为己天诛地灭”的大旗，拦我者死。

林森浩杀人案的审判大幕终于落下，居然还有人大篇幅头头是道地分析，是什么样的人比较容易“找死”。火锅浇头事件后，评论里主流的声音都在说，被浇的女人活该，如果不是嘴欠，何以招致如此下场。

一直以为，做人的底线是即使对方是一个傻×，也要容忍他有活在这个世界上的权利。原来，这个底线也是可以突破的。

于是一个崩溃的世界就这样呈现在我们面前，何以解忧，唯有骂娘，人们争先恐后把自己的脸皮撕下来，露出青面獠牙的一面，并深深引以为傲。

毛孔膨胀，头发根根竖立，钢牙紧咬，蹦出一句“去你妈的”，旧时常见于菜市场、地铁站、澡堂子里的场景就这样被搬到了朋友圈，当肢体暴力被语言暴力所取代，杀伤力却有过之而无不及。

戾气是这个社会上最不缺的东西，最容易被点燃的东西，也是最无用的东西。回顾5000年来的社会发展史，没有哪次进步是被全民的戾气所推动的。

在这个标榜宁做真小人，不做伪君子的时代，我倒觉得后者相对还要可贵些。因为在意颜面和道德，他们时时要求自己不逾矩、不踩界，处处保持一份精致的体面，克制自己的一切阴暗心理，最多满口仁义道德，却绝不会做大恶。

真小人则可怕得多，他们敢于公然践踏一切规则，我就是自私，我就是天性淫荡、道德败坏，我是流氓我怕谁。

当人们可以不为自己的言论负责，一切曾深藏于内心的丑恶被拿来宣扬，充斥着戾气的文字被当作歌颂的范本，这个世界只会以更加黑暗和无药可救的姿态出现在咒骂者的面前。我们肆无忌惮地攻击着所有讨厌的人，唾弃着一切引以为丑的恶，却在不知不觉中成了自己最鄙视的那个角色。

别忙着骂贱人，先问问自己是不是一个圣人。如果真的不能做君子，做个“伪君子”也是好的。

长 发

一直没有时间剪头发，索性就放任它长成了一堆野草。头发不怕长，也不怕短，最怕的是不长不短，整齐地糊在脖子上，站在太阳下，就像垫了一个平底锅，把光和热全吸了进来。又到了做选择的时候：要么扎起来，要么一剪子下去干净利落。放在以前，我肯定选择后者，自从大学时代我将一头被毁得乱七八糟的长发剪掉后，头发的长度就再也没超过耳根。

头发，好像总是能跟感情扯上关系。要不怎么说是“三千烦恼丝”，剪不断，理还乱。热恋时为爱人“将长发盘起”，失恋了就“剪一地不被爱的分叉”。小时候看《雪山飞狐》，最喜欢伍宇娟扮演的袁紫衣看淡一切后削发为尼的那一段，从此放下和胡斐的所有爱恨情仇。这是极少让我觉得改编赞过原著的，原著里袁紫衣年少出家，按捺不住寂寞，戴着假头套下山来调戏胡斐，待对方心动后再义正词严地说其实人家是师太，活脱脱绿茶婊一枚。

我和头发的故事也有很多，只是远没有这些撕心裂肺，有惊悚，有狗血，也有温情。

小时候我是一直被家里人当男孩来养的，连头发都是参照男孩标准，要多短有多短。有一阵我妈想自学剪发，所以隔段时间就威逼利诱我乖乖坐在椅子上给她做实验。有一次尺度没有把握好，剪刀一刀子下去，我的头发帘就豁了，她试图修补，结果越修越不整齐，最后效果比狗啃过还差。不过我那会儿内心真是强大啊，强大到都失去了基本的审美判断力。我妈不停暗示我：你看，其实挺好的。于是我就被催眠了，以为真的没有那么糟糕。结果第二天我一走进教室，全班都好像见了 ET 一样炸开了锅。这之后的结果就是我妈同意每月给我 2 块钱，让我自己去楼下理发店剪头发。嗯，想想还真便宜，那会儿洗剪吹只要 2 块钱。我记得美国当时剪头发的价格是 13 美元，我姑姑一家人 20 世纪 80 年代时定居美国，隔几年回中国探一次亲，回来第一件事儿就是去理发店把头发剪了。

不过那会儿的设备也不太好，还不流行男理发师，大多是几平方米的一间屋子，一地的头发茬儿，两三把破旧的理发椅，一个眼神幽怨的中年女人。这样的屋子最多也就容纳两三个人，人再多点，便会告诉你出去转一圈再来。那会儿也还没有洗头的躺椅，进了屋直接坐在水池旁边的椅子上，头趴在水管下面，理发师会把一盆刚烧开的热水倒在水箱里，再打开水管，水管上接着一根细长的皮管，被凉水中和了的温水就缓缓流出来了，水温有时过冷，有时过热，洗完后总会有一块又脏又破的毛巾伸过来不由分说地裹住你的头。

这样的经历一直持续到上高中时，大型的、商业化的发型室渐渐多起来。中间我有过机会把头发留长，但是始终未过肩，要么被我妈劝去了理发店，要么是自己忍不了不长不短时的糟乱模样。不过很快我就感到庆幸了，因为高中入学第一天，很多女生流泪剪掉了留了很多年的长发。

我所在的高中以变态著称，留长发绝对是最大的奢侈。无论时隔多少年，教导主任拿着大喇叭训斥大家的情景仍在我的脑海里盘旋，几乎成了青春期阴影。很多奇葩规定都从他口中传出，比如齐步走胳膊一定要摆到胸口，比如必须穿校服，比如不准吃口香糖，再比如坚决不准留长发。在女生们心中，最后一条简直就是泯灭人性。因为他和他的大喇叭太深入人心，所以有一个外号叫“杨喇叭”。每周升旗仪式，学生代表都会每个班级挨个查发型。前两年大家都比较规矩，生怕因为留头发背上个纪律处分。

不过到了高三，大约是因为快熬到头了的缘故，当然也跟叛逆期有关，女生们像约好了一般，纷纷留起头发来。当时我们班上有个女孩还跑出去把头发染了，为了怕老师发现，她特意挑了只能在太阳下看出来的酒红色。染完回来后，同学们纷纷表示看不出来，这让她觉得非常没有成就感，于是又跑去染了一个更明显的红色。这一次的确明显得多，因为连班主任都看出来了，当天下午她就被通知要立马染回来。于是她第三次来到了校门口的理发店，把头发染回了黑色，不过那个黑色实在太黑，就像顶了一大块焦炭在脑袋上。

对于一些成绩不好也并不指望靠高考改变什么命运的女生来说，保住一头长发显然比上大学更重要。不过谁也想不到，距离高考还有25天的时候，杨喇叭带着他的团队挨个教室查头发了。为了避开检查，胆大者直接请假逃课，胆小者没能逃过一劫，几乎每个班都有几个女生被查出不合格，勒令不剪发就不能回教室上课，有点满清入关时“留头不留发，留发不留头”的意思，最后的结果自然是选择了留头，一刀剪回了新中国成立前。一晃我已经毕业十几年，听说杨喇叭已经调走，去年有一天我经过学校，正碰上放学，留着长发的女生们成群结队从门口走出来，有几个还在抽烟。后来聚会常听同学抱怨：现在的校风已然不成样子。细听之下，竟有点怀念杨喇叭的味道了。

高中毕业不到一年，再相见时大家已经一水的披肩发，好像不留头发就太对不起自己，我也史无前例地没有剪发。

上大学时，我妈叮嘱了很多事，其中一件就是不许烫发。我一进校门就把这句话和她的其他叮嘱一起抛在了脑后，在学校北门的一间小理发店把头发烫了。烫头发的时候，老板不停在我耳边忽悠：烫发一定要配合染发，黑头发太难看了，于是我鬼使神差地加了染发。比较囧的是我还没有带够钱，于是厚颜无耻地给我的室友打电话，她二话没说就答应过来。当时已经是夜里 11 点多，她呼哧呼哧地赶过来帮我交了钱。当然，一路上也没有忘记喋喋不休地吐槽，不过我内心深处仍非常感动。用现在的话说，能三更半夜二话不说来帮你的朋友，都是真爱。直到现在，逢追忆往事，她一定对这个情节念念不忘。毕业后的几年我们各忙各的，见面并不多，但是在我心中，她始终都是一个难得的好朋友。

说回到头发，真的应了那句“No zuo，no die”。经历过那次染烫，我的头发变成了一堆枯草，脆而薄，几乎每一根都分了叉，洗头的时候全部搅在一起，分都分不开。之后的两年里，我都在跟这头乱草做斗争，护理、烫、拉直。大二下学期的某一天，我实在忍无可忍了，彻底剪回了短发。

直到现在，我仍然觉得短发最好。随着岁数一年年增大，我很希望能够有一天优雅地老去，就像《流金岁月》里的蒋南孙，五十岁的时候，仍是很史麦脱的，头发剪得短短的，烫个漂亮的发型，穿麂皮鞋子、白色衬衣，仍然是瘦子，样子一点不丢脸。不过想要做到史麦脱，成本也是不菲。这个人物的原型是徐克的前妻施南生，我的另一个大学室友如今恰为她工作，一次无意中提及，自己的老板剪一次头发都要 8000 元。我的理发师如今剪发涨到了 188，我已觉得贵不可言。于是亦舒笔下的形象渐渐离我远去了，我觉得自己的老年版大概是这样的：留着一头斑白的长发，已经变成了一个胖子，大概是样子丢脸极了，所以竟再不出门。

嗯，最后决定留长发，归根结底是因为穷。